U0241468

非洲野外是唤醒人类自然属性的完美之地！

—— 星巴

守护狮群

Living with Lions in Africa

星巴非洲野保手记

星巴_著

生活·讀書·新知 三联书店

Copyright © 2016 by SDX Joint Publishing Company.
All Rights Reserved.
本作品版权由生活 · 读书 · 新知三联书店所有。
未经许可，不得翻印。

图书在版编目（CIP）数据

守护狮群：星巴非洲野保手记／星巴著. —北京：生活 · 读书 · 新知三联书店，2016.10
ISBN 978－7－108－05653－5

Ⅰ. ①守…　Ⅱ. ①星…　Ⅲ. ①狮－动物群落－动物保护－非洲　Ⅳ. ① Q959.838 ② S863

中国版本图书馆 CIP 数据核字（2016）第 049166 号

责任编辑　胡群英
装帧设计　刘　洋
责任校对　王军丽
责任印制　宋　家
出版发行　生活 · 讀書 · 新知 三联书店
（北京市东城区美术馆东街 22 号 100010）
网　　址　www.sdxjpc.com
经　　销　新华书店
印　　刷　北京图文天地制版印刷有限公司
版　　次　2016 年 10 月北京第 1 版
2016 年 10 月北京第 1 次印刷
开　　本　889 毫米 × 720 毫米　1/16　印张 12
字　　数　119 千字　图 160 幅
印　　数　0,001－6,000 册
定　　价　57.00 元
（印装查询：01064002715；邮购查询：01084010542）

目录

拯救与保护

附录

序一

乔治·夏勒

“星巴”在东非的斯瓦希里语里是“狮子”的意思。卓强，一个中国人，给自己起名“星巴”，以表达他将自己的命运和狮子紧密相连的决心，以及他在保护狮子这一濒临灭绝的物种之战中必将获胜的信念。中国不是狮子的原产地，除了动物园之外，野外并没有狮子生活的踪迹，但从古代开始，石狮子就被放置在建筑前面象征身份和权力，是镇宅之宝。据估计，当前全球野生狮子的数量只有两万只左右。非洲北部、中部、东部和亚洲的狮子数量急剧下降，下降幅度超过85%。印度目前仅有300—400只狮子，有野生狮子生活的国家正在一个接一个地减少。狮子的栖息地被人类破坏，甚至变成田地、牧场，食物的短缺导致人兽冲突加剧，狮子偶尔会吃掉家养的牲畜，人类便展开报复，猎杀或毒死狮子，有些职业猎手一年可以杀死数百只狮子。在亚洲，狮骨还被视作名贵药材。因此，拯救狮子、老虎等大型肉食动物是十分必要的，也是一个独一无二的挑战。

星巴知道，无论如何他必须帮助拯救狮子，不管这一任务是多么复杂和艰巨。他独自去了东非，到了肯尼亚，研究狮子，并适应陌生的文化，这种持之以恒的承诺令人钦佩。他专注于马赛马拉保护区，那里仍然生活着一些狮子，是一个主要的旅游景点。然而，数量快速增长的马赛牧民和农民引发了保护区及其周边各种土地的使用问题。保护一个物种需要基本知识、保护法以及其他的相关法律，需要鼓励社区的参与，包括吸收社区的想法、收集社区资讯、听取社区的愿望。半个世纪以前，我和我的妻子带着两个年幼的儿子搬到坦桑尼亚的塞伦盖蒂国家公园。三年后，我们带着学到的很多知识离开了，但野生动物保护工作还需要更多人更长期的努力。在这一点上，星巴有着更大的目标、更强烈的热情和更持久的精神。

星巴创建了马拉野生动物保护基金会，并且持之以恒地投身到东非野生动物保护事业中。《守护狮群：星巴非洲野保手记》富有启发性，且生动地记录了星巴这些年和狮子为伍的生活。这本书有许多有趣的记录，比如，狮群的生活以及狮子如何猎食各种大的小的有蹄动物。这本书也展示了一个自然主义者在野外的生活、他的喜悦和困扰，以及他对自然的热爱。星巴所传达的信息非常清晰：活着的意义在于服务社会以及全人类，无论在哪里，中国或是肯尼亚。

我们努力去征服大自然的世界观必须改变。对于我们人类和其他物种，无论植物还是动物，一个安全的未来取决于每一个人的努力。是的，每一个人！不管是在家，还是在一个遥远的地方，我们都必须呵护我们环境中的美好。寻找一个愿景，找到一个你的心和灵愿意奉献的主题。重要的是，通过与大自然的接触，帮助并维护生态环境的可持续性发展。

星巴已经为你展示了一条正确的道路。

2015年10月9日

乔治·夏勒

(George Beals Schaller)

美国人，生于1933年，一生致力于野生动物研究，是全球野保界的泰斗级人物，曾被美国《时代周刊》评为世界上三位最杰出的野生动物研究学者之一。他的足迹遍布非洲、亚洲和南美洲的野外丛林，是最早系统研究山地大猩猩、狮子、大熊猫和藏羚羊的野外科学家。夏勒写过多本关于非洲和亚洲哺乳动物的书，受到广泛的欢迎，其中《塞伦盖蒂的狮子》获得1972年美国国家图书奖，以在中国的研究经历写成的《最后的熊猫》和《青藏高原上的生灵》也成为国际畅销书。鉴于他对自然保护所做的贡献，他在1980年被授予世界自然基金会的金质勋章，并荣获1996年国际宇宙奖（日本）和1997年美国泰勒环境成就奖。

序二

托尼·菲茨约翰

20世纪70年代初，当乔治·亚当森坐在位于科拉的主帐篷里与来访的人们闲聊时，我曾听他说："1924年我来到这里时，这儿都还未有人类涉足，野生动物应是可以永远地生存下去的。"这本是理所应当的。甚至当我在60年代末来肯尼亚时，即便有迅速扩张的人类群体大面积开发保护区间的土地，犀牛、大象、狮子等诸类动物会从这些地区消失的这一想法，对我而言，也是不可思议的。然而这些野生动物，就这么难以置信地、在没有迁移通道的情况下，直接从广阔的内陆地区消失了，仅存活于孤立的一些地区，尽管这些地区还划出了面积几乎跟有的国家一般大小的保护区，比如肯尼亚的察沃国家公园、坦桑尼亚的塞勒斯保护区等。

但我们严重地误判了局势。人们最开始的需求是用象牙或犀牛角制作的钢琴键、台球，以及动物头像墙饰、客厅的装饰物等。后来我们也目睹了新兴富裕国家对更多此类制品同样热烈的需求，这包括犀牛角匕首柄、精雕细琢的宗教饰品、象牙图章，以及与我们共享同一个星球的这些非凡动物的牙齿、角、骨骼和皮制品。现在这些享用者的意识也有所改变，更多的是感到内疚。然而，一旦开始，风气就很难制止，即使人们创立了一些致力于扩大影响、保护、研究、教育以及传播保护意识的全球性组织。需求产生供给，特别是在失业率极高、新官僚主义猖獗、欲望爆棚、贿赂成风、漠视动物的苦难与灭绝的国家，野生动物是十分容易被猎取的对象。

有需求，就有市场，供与需是一对形影不离的孪生兄弟。正是一些新兴国家贪得无厌的需求催生了这种不道德的行为，导致了不计其数的物种灭绝，而在这些国家里有谁发出过反对的声音吗？无良者为这种见不得阳光、毫不体面的产品贴上了金字招牌和冠冕堂皇的名称，那些在野外亲眼见过野生动物的人，面对这种不光彩的行为，难道就能心安理得，熟视无睹，不发出一点惊讶的声音吗？有些人认为象牙就像煤炭，是从地里冒出来的；还有些人认为犀牛角是史前某种已经绝种的大型动物身上的器官。面对种种无知，有谁站出来振臂高呼，与愚昧做斗争呢？有人站出来发出过不同的声音吗？

几年前，我认识了卓强，就是星巴——斯瓦希里语意为“狮子”——因为他和我一样，拥有着对这群美好的群居动物的热爱。和星巴的相识与相伴是我的荣幸与快乐。在肯尼亚的马赛马拉，他带领着小团队不懈奋斗，致力于有效解决现代人与野生动物之间的冲突；在洛杉矶，他给美国院校的学生及华人社区开展讲座；在中国，他孜孜不倦地把世界上仅存的野生动物奇妙世界与保护它的需求传输给广大社会群体。他的声音，是真正源自旷野，存于旷野的。一个人居然能代表着一代人的情感，对此我也从未低估。

我对这种动物给予的爱与陪伴也有着同样深刻的体验。过去将近二十个年头里，我和乔治·亚当森一起，在肯尼亚的科拉国家公园，把狮子孤儿幼崽养大，然后野化之后放归大自然。我们一起跨越了恐惧的边缘，与这些令人惊叹的生灵建立起亲密与持续的关系。我对狮子们的尊重是无边的，而它们引导的生命惊奇也是无限的。

对星巴以及他所做的一切，我的敬重也是无边无际的。这一切并不容易。为传播他的理念，他必须放弃现代生活中习以为常的舒适和享受。我担忧我们所爱的自然界和生活于其中的生灵。自然界的野生动物，除了能给我们人类带来经济效益，它们也是人类与过往的灵魂桥梁。我们必须和它们重新建立友好共存的关系。

星巴给了我希望。

他让我相信这一切未全丢失。

而这便足矣。

2015年10月20日

托尼·菲茨约翰

（Tony Fitzjohn）

英国人，生于1945年，非洲传奇野保人物，于20世纪七八十年代担任被誉为“狮之父”的乔治·亚当森的助手，他们一起工作了18年，成功实践了狮子野化项目，努力保护科拉国家公园不受盗猎者和放牧者的入侵和破坏。后来离开肯尼亚，在坦桑尼亚创建姆科马齐国家公园，一直致力于帮助狮子、豹子、犀牛和非洲猎犬重归野生世界。鉴于在保护野生动物方面的贡献，托尼荣获英国女王颁发的不列颠帝国勋章以及荷兰本哈德王子授予的金方舟勋章。他最新出版的《生而狂野》，记录了他几十年从事野生动物保护工作的传奇经历。

前言

受动画片《森林大帝》的影响，到非洲大草原与狮子为伍是我自儿时起就有的梦想，尽管这个梦想在当时看来是那么的遥不可及和不可思议。

我经常梦见自己变成了一只狮子，回到非洲大草原上自由自在地奔跑。

我喜欢去动物园，就是为了去看狮子，但每次看到笼中的狮子，又觉得很难受：草原上的王者被关在狭小阴冷、光线昏暗的笼子里，失去了自由与尊严，依靠人类喂食而苟延残喘。

2004年，我第一次走进非洲，来到马赛马拉，终于见到了魂牵梦萦的非洲大草原和真正的野生狮子，当时全身就有一种触电的感觉，好奇、兴奋、激动，心情久久不能平静。雄狮的威严雄壮、雌狮的优雅干练、幼狮的顽皮可爱令我印象深刻。如同见到了亲人一般，我久久不愿离去，感觉自己就是它们中的一员。

自那时起，我便与狮子结下了不解之缘。

这些年来，我走遍了南非、纳米比亚、博茨瓦纳、津巴布韦、赞比亚、坦桑尼亚、肯尼亚等十几个非洲国家近二十个野生动物保护区，寻找狮子的足迹，研究它们的习性，了解它们的生存状况。

一百年前，非洲大陆上还有近二十万只狮子在草原上奔跑，可到了今天，却只剩下不到三万只了。如果我们再不采取有效措施去保护它们，它们很可能会在二十年之内灭绝。

人类对狮子的看法其实很矛盾，历史上很多人把狮子作为威严、权力甚至财富的象征，但也容易听信狮子伤人吃人的传说。狮子曾经生活在欧洲南部、亚洲西部和南部以及非洲的广大区域，由于人类的捕杀和栖息地的丧失，狮子生活的版图迅速缩减到了印度一隅以及非洲撒哈拉沙漠以南的区域。

乔治·夏勒于20世纪60年代在坦桑尼亚塞伦盖蒂展开了对野生狮子的研究，第一次系统地了解了狮子的习性，也为人类揭开了狮子的神秘面纱。

此外，乔伊·亚当森的传世名作《生而自由：野生母狮爱尔莎传奇》讲述了乔伊与母狮爱尔莎的人狮情谊，证明了人类能够与狮子和谐相处。而20世纪70年代乔治·亚当森野化狮子的传奇故事，则激励了西方很多年轻人踏上保护野生动物的道路。

当时就有一个英国小伙子从伦敦来到非洲，在1971年成为乔治·亚当森的助手，从一个纨绔子弟转变成一位野保传奇人物。他就是托尼·菲茨约翰，至今仍坚持致力于保护野生动物的工作。

在我从事野保工作的最初几年中，我最大的收获是结识了乔治·夏勒和托尼·菲茨约翰，他们的传奇经历，特别是他们与狮子的紧密关系，让我对他们充满敬意。他们当初对我的鼓励也是我能够坚持做野保工作的重要原因。在此，我谨向他们表示我最真诚的感谢！八十多岁高龄的乔治·夏勒先生不厌其烦地回答我关于狮子的问题，甚至主动帮我校对我为女儿写的书《小星巴玩转非洲》英语部分的语法和拼写；六十多岁的托尼·菲茨约翰先生在我最迷茫的时候，从坦桑尼亚开车到肯尼亚来给我打气鼓劲的场景，我至今记忆犹新，它将成为我永远的珍贵记忆。

我要保护狮子，帮助它们继续生存下去。我不知道能否做到，但我能够确认的是，多一个人去做，它们肯定就会多一些生存的机会。

奥肯耶狮群

研究野生动物的习性，与其在学校或图书馆里研究十年，不如到野外现场研究一年。

——星巴

星巴带着幼小的女儿在奥肯耶保护区

初抵奥肯耶

2011年9月，肯尼亚一位著名野保人士杰克·格列维库克先生通过Facebook给我写了一段留言，大意是说希望邀请我去访问马赛马拉奥肯耶保护区，那里有一个很大的狮群，是非洲最成功的私人保护区之一。

这是我第一次知道“奥肯耶”这个名字。

当时我还在奥肯耶二十公里以外的马赛马拉国家保护区做研究工作，主要合作伙伴是肯尼亚野生动物管理局和马赛马拉国家保护区。

2012年1月17日，怀着好奇的心理，我准备带着夫人和女儿前往奥肯耶保护区。她们当时从国内过来看我，先在内罗毕住了几日。女儿很快厌倦了城市的生活，一心想着赶紧到野外去看动物。

我便先带她们到了马赛马拉国家保护区，在奥洛莱姆提耶克门（Ololaimutiek Gate）外面一个酒店住了两晚。马赛马拉国家保护区内猴子很多，八岁的女儿精力很充沛，喜欢追着它们跑来跑去，直到摔了一跤才安静下来。在这里女儿也看到了狮子，但总是离得很远，而且经常是好几辆车围着狮子看。她觉得这样很不好，对狮子骚扰很大，自己看得也不尽兴。

第三天我们就出发前往奥肯耶保护区，自塞克纳尼门（Sekenani

Gate）沿着通往纳罗克（Narok）的公路驱车北上约半小时就抵达了奥肯耶保护区的边界。

进入奥肯耶保护区需要穿越一条河流——奥拉尔莱姆尼河（Olare Lemuy River），这是一条季节性河流，河床上大小岩石密布，旱季水位很浅，但确实是一个天然屏障，只有四驱越野车可以通过。离渡口二十来米远的上游还有一座人行吊桥，只能单人通过。

越过河流，路边有一个简单的路障，附近有一个野保巡逻站，会有一位巡逻员负责查验访客的身份。进入保护区需要填写访客登记表，我记得我当时填写的是“Simba, Mara Conservation Fund”。

肯尼亚最佳野外度假酒店之一的波里尼马拉酒店（Porini Mara Camp）是当时奥肯耶保护区唯一的酒店，地理位置很好，位于奥苏普凯河（Osupukai River）与奥尔莱托里溪流（Ol Laetoli Stream）的交汇处，周围是一片高大的金合欢树林。

我们在这个酒店住了两个晚上，认识了保护区首席管理员塞米。塞米个子不高，有明显的肚腩，与印象中的马赛武士形象相距甚远。他来自奥肯耶部落，和杰克·格列维库克一道于2005年建立了奥肯耶保护区。

在这里，我第一次见到了奥肯耶狮群，从此便与它们结下了不解之缘。

女儿第一次见到奥肯耶的狮群

奥肯耶保护区：热带大草原上的丛林

肯尼亚马赛马拉总面积约3000平方公里，其中马赛马拉国家保护区面积约1500平方公里，七个部落保护区（Conservancy）合起来也约有1500平方公里。

奥肯耶保护区位于马赛马拉的北部，是马赛马拉八个主要的野生动物保护区之一。它建于2005年，现今面积约73平方公里，最初的面积是36.5平方公里，2012年又增加了36.5平方公里。

2005年以前，由于过度放牧，这个地区植被退化明显，干旱不断发生，人畜饮水出现困难，很多牲畜因缺水而死亡。当地马赛部落疑惑不解，以为这是上天的惩罚。一个叫杰克·格列维库克的英国人告诉他们，有一个办法可以解决干旱和饮水问题，那就是建立野生动物保护区。最初马赛人半信半疑，却也别无选择，陆续有一部分家庭拿出一些土地加入了保护区。

2005年，奥肯耶保护区建立起来，马赛人的村寨和牲畜退出保护区；2007年，保护区初具规模，很多种类的野生动物也回来了，植被恢复得很快；2009年，包括狮子、猎豹、花豹、大象、长颈鹿、野牛等大型动物在内的食物链基本完善，植被已经恢复到现在的状况，旱情减轻了很多；2012年，当地部落要求拿出更多的土地加入奥肯耶保护区，保护区面积扩大了一倍。

奥肯耶保护区西部与奈伯肖保护区（Naboisho Conservancy）接壤，紧邻马赛马拉至纳罗克的公路，公路以东居住着希亚纳（Siana）部族；南部接马赛村镇，北部与奥肯耶部落的放牧区为邻。

奥肯耶保护区跟我以前工作过的马赛马拉国家保护区同属一个生态系统，即马拉生态系统，但植被却完全不同。马赛马拉国家保护区以大面积的草原为主，稀疏的金合欢树点缀其间，偶尔会在河边形成低矮灌木丛，几乎很难见到丛林；而奥肯耶保护区则汇集了草原、低矮灌木丛和丛林三种地形，其中大面积的以高大金合欢树为主的丛林主要分布在奥拉尔莱姆尼河的沿岸。

奥肯耶保护区由两条自北向南流动的河流围绕着，东边的是奥拉尔莱姆尼河，西边的是奥苏普凯河。两条河在保护区南面边界处汇入塔莱克河，而塔莱克河则在马赛马拉国家保护区汇入著名的马拉河。

奥肯耶保护区的海拔为1650—2000米，最高点位于白颈山（Oloiburmurt Hill）中段，最低点在奥拉尔莱姆尼河。

保护区内的主要丘陵山地为：白颈山、恩塔莱特山（Entalet Hill）、恩东约纳罗克山。

保护区内的主要宽阔草原为：猎豹平原（Cheetah Plains）、黑面狷羚平原（Topi Plains）、北部平原、东北平原、西部平原。

马赛马拉地区分布简图

丛林伊甸园

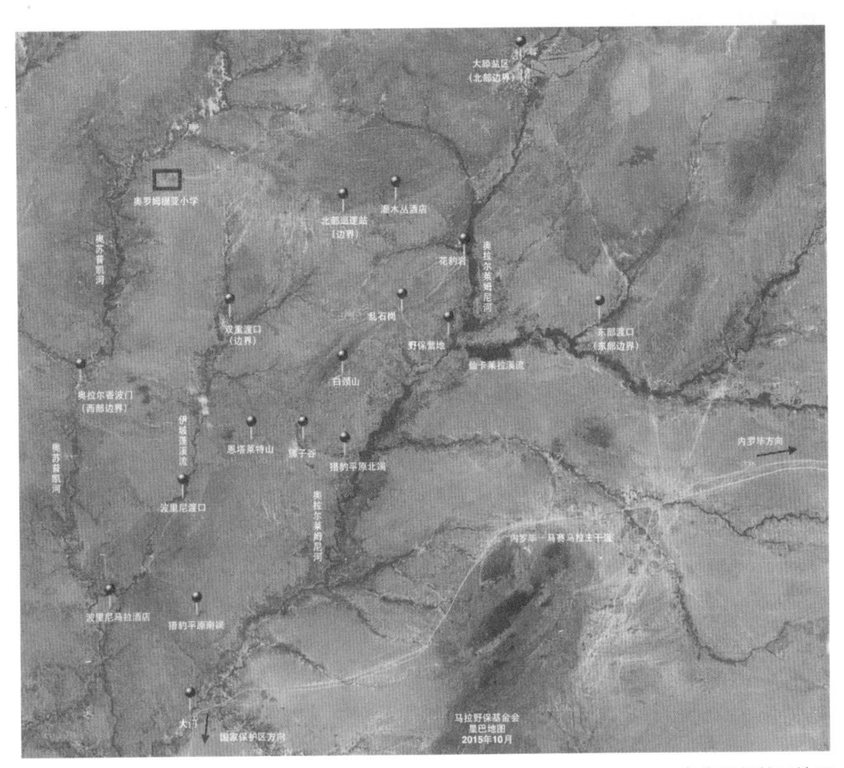
大舔盐区
（北部边界）
北部巡逻站
（边界）
灌木丛酒店
奥苏普凯河
花豹岩
奥拉尔莱姆尼河
乱石岗
双重渡口
（边界）
野保营地
东部渡口
（东部边界）
仙卡莱拉溪流
白颈山
奥拉尔香波门
（西部边界）
恩塔莱特山
獾子谷
猎豹平原北端
内罗毕方向
奥苏普凯河
波里尼渡口
奥拉尔莱姆尼河
内罗毕—马赛马拉主干道
波里尼马拉酒店
猎豹平原南端
大门
国家保护区方向
马拉野保基金会
2015年10月

奥肯耶保护区地图

凯雷兄弟

至2012年1月，凯雷和卡拉雷兄弟统治奥肯耶狮群已有两年的时间。它们是亲兄弟，都已经八岁了，正值壮年，不过狮子的体力在这个年龄阶段已达到峰值，此后会逐渐下降。

当时，奥肯耶狮群有19只狮子，除凯雷兄弟外，还有6只母狮和11只幼狮。狮群的领地以白颈山为中心，南至猎豹平原的南端，北至奥基来灌木林（Olgilai Woodlands）。它们一般不会向西越过奥苏普凯河，亦不会向东越过奥拉尔莱姆尼河，活动范围大致与奥肯耶保护区重合。

如果向西越过奥苏普凯河，它们将会遭遇奈伯肖保护区的狮群。奈伯肖保护区的面积是奥肯耶保护区的三倍左右，那里生活着三个狮群。如果向北、向南和向东越过边界，它们将会遭遇到奥肯耶部落的马赛人。

由于长期遭受人类的捕杀，狮子对人类通常都是小心翼翼的。马赛马拉的狮子对当地原始部落的马赛人尤为惧怕，看到穿着红衣服、拿着长矛的马赛人，狮子通常会主动回避或逃跑。奥肯耶狮群将自己的领地划定在保护区范围内，很有可能也是因为知道只有保护区才是相对安全的。它们知道马赛部落聚居在保护区的北部、东部和南部，如果从这几个方向走出保护区，将会与马赛人发生直接的冲突。

在保护区内，奥肯耶狮群最喜欢的地方是狮子谷，也就是位于白颈山和恩塔莱特山之间的山谷地带。这里的灌木丛比较密集，生长的植物大果巴豆（Croton）可以有效驱离蚊虫，所以是狮子选择休息和藏匿幼狮最理想的地方。

我就是在狮子谷和猎豹平原的交会处第一次见到凯雷兄弟的。当时它们正各自在和一只母狮交配，两对情侣相隔不远，一直保持在一百米以内。

两兄弟关系非常紧密，有时候是同时巡逻，有时候是分开活动，但通常不会隔得太远，可能是为了防备流浪雄狮的入侵。

我跟凯雷兄弟接触的时间不多，它们看上去身体强健，心情悠闲而放松，对自己的领地保持着绝对的控制。

但王朝更替的命运不可避免。

改朝换代

一只雄狮或几只雄狮组成的联盟统治一个狮群的时间一般不超过两年，但凯雷和卡拉雷两兄弟统治了奥肯耶狮群足足三年时间。它们的王朝从2009年10月开始建立，直到2012年年底才被外来流浪狮三兄弟——萨塔拉、赛托提和萨鲁尼——推翻。

为什么凯雷兄弟王朝能够延续三年之久？我认为这跟奥肯耶的地理方位有直接关系——北面、东面、南面三面与人类聚居区接壤，只有西面与野生动物保护区相邻，也就是说，凯雷和卡拉雷兄弟面临的唯一威胁是来自于西面的流浪狮。当然也不排除有流浪狮从其他方向穿过人类聚居区和放牧区来到奥肯耶保护区的可能性，不过这样的概率实在很低，保护区外面食草动物的缺乏以及马赛人的凶悍会让这种可能变得近乎不可能。

2012年12月，马赛马拉的降雨量很大，奥肯耶保护区也几乎变成了泽国，几条河流都在泛滥，好像提前进入了大雨季（通常3—6月是马赛马拉的大雨季）。夜空中连绵不断的电闪雷鸣也似乎在预示着有重大事件要发生。

果然，年轻的萨塔拉、赛托提和萨鲁尼三只雄狮进入了奥肯耶保护区。我们没有目击现场的打斗，但很明显凯雷和卡拉雷兄弟被击败了，因为我们此后在奥肯耶再也没有见到过它们。

自此，年轻气盛的狮子三兄弟在这片土地上建立了新的王朝。

萨鲁尼和赛托提

狮子三兄弟一起进食

狮子三兄弟

萨塔拉在年龄上比赛托提和萨鲁尼要大一些，但应该也不超过六岁，赛托提和萨塔拉长得很像，我不能确定它们三个是不是亲兄弟。它们或许从小在一起长大，或许是在流浪中摸爬滚打结成了流浪狮联盟，总之彼此关系非常好，很少有打架争斗事件发生。

三兄弟很可能来自邻近的奈伯肖保护区，它们应该是在三岁左右的时候被父亲赶出了狮群，开始过流浪的生活，不得不依靠自己捕猎来维持生存。与母狮相比，雄狮并不擅长捕猎，它们的体重是母狮的近两倍，速度并不如母狮，所以在最初的流浪生活中，能否学会协同捕猎，是流浪雄狮能否生存下去的关键。当然，在它们小的时候，母亲也经常会做示范教授它们捕猎技巧。

不过由于狮子三兄弟体格健壮、配合默契，它们在流浪期间依然可以获得足够的食物，维持足够的营养。

几年的流浪生活使萨塔拉三兄弟成为真正的雄狮，它们的体格已经发育成熟，无论是打斗经验还是捕猎技巧都已经积累到了一定程度，它们已经准备好开始建立自己的王国。

超级狮群

打败凯雷和卡拉雷兄弟之后，萨塔拉三兄弟终于建立了自己的王国。

奥肯耶狮群在新狮王的统治下，在不到两年的时间内，发展成了超级狮群，从原来的19只（2012年），增加到现在的26只（2015年）。

狮子是唯一群居的猫科动物，通常一个狮群的狮子数量在10—15只，而奥肯耶的超级狮群却能够繁衍到26只。

这主要归结于以下因素：

1. 奥肯耶保护区内的植被比较好，食草动物的数量比较充足，特别是适合狮子捕猎的斑马、角马、黑面狷羚、水羚、野牛、长颈鹿、疣猪等。

2. 有些从北面洛伊塔平原（Loita Plains）长途迁徙过来的角马，到了奥肯耶保护区就留了下来，与常驻而不迁徙的角马融合在一起。因此奥肯耶的角马数量在不断增加，这为狮子提供了充足的食物来源——据统计，角马在奥肯耶狮群的捕食对象中占到近70%的比例。

3. 奥肯耶保护区内平原、山地和丛林交错的地形很适合狮子隐藏和伏击。

4. 外部流浪狮只能从一个方向进入，狮群可以在威胁相对较小的情况下繁衍生息。

狮群喝水

狮群中流浪的小雄狮

狮子的猎物

在奥肯耶，成年雄狮平均每天的食量是七公斤，成年母狮平均每天的食量是六公斤，如果食物足够，它们一次可以进食三至五天的食物，但最多不超过三十公斤，约占雄狮平均体重的六分之一、母狮平均体重的五分之一。

狮子主要以大型食草动物为食，主要原因是狮子精于算计，认为小型食草动物比较灵活，捕杀的难度和耗费的体力不低于捕杀大型食草动物。虽然捕杀小型食草动物的风险可能小一些，但获得的食物量却大大少于大型食草动物，而无法让整个狮群都能够吃饱，特别是像奥肯耶狮群这样的超级狮群。

从数量上看，角马和斑马是奥肯耶狮群经常捕猎的对象，其中角马约占70%的比例，斑马约占20%的比例，其他如疣猪、狷羚、黑面狷羚、长颈鹿、野牛、水羚、非洲大羚羊、长颈鹿和大象占剩下的约10%的比例。

角马和斑马喜欢在开阔的草原上活动，猎豹平原和黑面狷羚平原给它们提供了大面积的栖息地，而白颈山和恩塔莱特山恰好将猎豹平原和黑面狷羚平原分割开来。这也就不难理解为什么奥肯耶狮群选择以白颈山和恩塔莱特山周围为其领地的核心区域了。

在奥肯耶保护区所有大型食草动物中，角马的数量是最多的，而且它们对狮子几乎没有什么防卫能力；而斑马则不同，它们更为警觉敏锐，稍有风吹草动，就会四处张望，互相报警提示。此外，斑马比角马更为强健，而且后蹄强壮有力，对狮子有很大的威胁。

与斑马和角马一样，黑面狷羚也喜欢在开阔的草原上活动，一般很少见到它们进入山地和灌木丛地带。同样是开阔的草原，黑面狷羚更喜欢生活在白颈山北面的平原（因此这个平原得名为黑面狷羚平原），而不是南面的猎豹平原。狷羚则比较喜欢在山地周围活动。黑面狷羚和狷羚的速度与警惕性都很高，狮子捕食它们的难度很大。

水羚羊和非洲大羚羊的天敌也是狮子。水羚羊主要生活在奥拉尔莱姆尼河上游靠近我们野保营地的附近地区，以及波里尼马拉酒店（位于奥尔莱托里溪流）附近。

它们之所以喜欢栖息在人类的酒店附近，我认为很可能有两个原因：

1. 它们知道住在帐篷酒店里的人类对它们很友好，不会伤害它们。

2. 它们知道狮子惧怕人类，不会到帐篷酒店附近来捕猎，所以在帐篷酒店附近很安全。

非洲大羚羊是非洲体型最大的羚羊，它们身躯硕大却不失灵活，跑动中的跳跃能力尤其强。这种动物很怕人，通常在和人类的距离低于三十米的时候就会跑开。狮子可能是唯一能够威胁到非洲大羚羊的动物，因此非洲大羚羊对于狮子的行动非常警惕。当然，斑鬣

萨鲁尼享用美味

狮子的猎物——狷羚

狮子的猎物——疣猪

狮子与斑马

非洲大羚羊
Eland
Weight 700 kg Speed 50 km/h
Strength 1 Life Span 18 yrs

斑马
Zebra
Weight 320 kg Speed 55 km/h
Strength 2 Life Span 20 yrs

狗对老弱病残的动物也会构成很大的威胁。

野牛可能是狮子最喜欢的食物，但是攻击野牛却需要承担很大的风险，野牛的重量、体力和尖锐的牛角都会对狮子造成很大的伤害。一只母狮可以独自攻击野牛幼崽，但如果要对付成年野牛，至少需要五只以上的母狮协同作战，当然，雄狮的参与会在很大程度上增加成功的机会。奥肯耶野牛群的野牛有二百头左右，它们主要喜欢在伊坡蓬溪流（Irpopong Stream）东岸的开阔平原上活动，很少会到猎豹平原或黑面狷羚平原去吃草。

奥肯耶狮群偶尔也会捕杀长颈鹿。奥肯耶保护区有约一百多只长颈鹿，它们几乎从不离开保护区。它们的活动范围很大，几乎涵盖保护区的每个角落。

我晚上开车从猎豹平原回到野保营地的路上，经常在奥拉尔莱姆尼河的东岸与长颈鹿不期而遇。长颈鹿身高颈长，对于擅长锁喉技巧的狮子来说，捕猎难度很高。而且长颈鹿后腿力量很强，如果狮子被踢到会受致命伤害。所以除非是面对老弱病残的长颈鹿，否则狮子不会贸然对之发起攻击。当然，如果狮子成功捕杀到重约一吨的长颈鹿，那足够狮群吃上好几天的了。

母狮：天生的猎手

奥肯耶狮群现有八只母狮，根据它们的外形特征，当地马赛人给它们取了不同的名字，如涅恩库美、纳拉玛特、纳罗等。

母狮是天生的猎手！奥肯耶狮群的八只母狮承担了整个狮群的捕猎任务。

技巧、耐心和正确的判断是母狮捕猎成功的关键所在。

在奥肯耶保护区，单只母狮捕猎的成功率约为25%—30%，二至五只母狮协同捕猎的成功率可以达到40%—45%。单只母狮捕杀的猎物数量和团队合作捕杀的猎物数量基本持平。

母狮独自捕猎最擅长的方式是：

1. 确定目标后，会寻找可以隐蔽的地方潜伏，有时候会考虑避开上风处，以免目标猎物闻到狮子的气味。

2. 然后压低身体，缓慢前进，有时候甚至是匍匐前进。

3. 在接近目标猎物30—40米的时候，停下来判断距离。

4. 如果判断猎物还没有发现自己，它会突然启动，在5—6秒内将速度提升到每小时60公里向猎物发起追击。

5. 如果在100—200米的路程中还没有追到猎物，通常就放弃了。

奥肯耶保护区内很多地方植被茂密，很适合狮子实施伏击战术，但这里的母狮很少会像花豹那样采取“埋伏+突袭”的战术。从这个角度上来说，狮子的耐心和爆发力都不如花豹，它们更擅长发挥力量和团队配合的优势。

母狮团队合作捕猎的形式主要为两只母狮协作、三只母狮协作、四只母狮协作、五只母狮协作等，最多时也有六只协同作战的。它们通常会采取迂回和包抄的战术（具体见下图）。

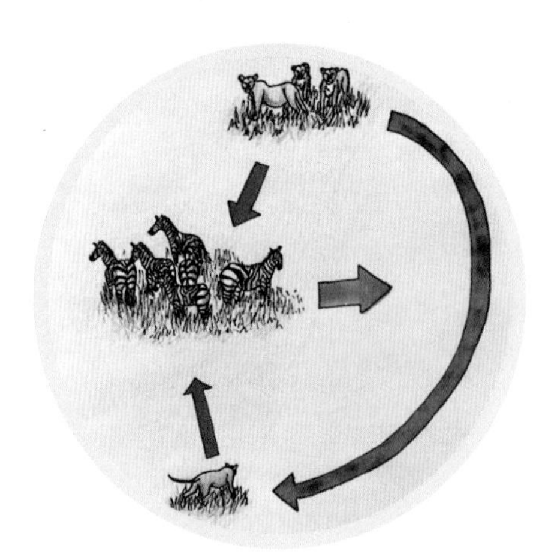

狮子捕猎战术示意图

狮子捕杀角马

狮子捕杀斑马

母狮涅恩库美

在奥肯耶狮群所有的母狮中，涅恩库美是一只很特别的狮子，它显得如此与众不同，让人印象深刻。

因为鼻梁上有一道明显的伤疤以及鼻子两端的颜色有明显差异，涅恩库美很容易被识别。它的名字来源于马赛语，意思是“受伤的鼻子”。

在一个狮群中，母狮通常都结伴生活，互相照应，而涅恩库美则独来独往，我行我素。它总是与狮群保持距离，经常出没于奥拉尔莱姆尼河以西、仙卡莱拉河以东以北的广大区域。这个区域主要以高大的金合欢树、低矮灌木丛以及河边沙地为主。

这只母狮之所以有如此独特的习性，我认为可能来自于雄狮对雌狮的“审美观”与人类比较近似的缘故。似乎雄狮更喜欢身体匀称、面目“清秀”的母狮，而母狮也更倾心于体格健壮、鬃毛浓密的雄狮。显然涅恩库美并不是雄狮眼里的“美女”，而其他母狮好像也因此而故意排斥它。

尽管如此，生活还是要继续。涅恩库美选择在保护区的边缘独自生活，而这种生活方式也造就了一个捕猎高手。通常来说，狮子更擅长在开阔的草原和低矮灌木丛之间的地带进行捕猎，而涅恩库美却选择在河边金合欢树和低矮灌木丛密布的区域捕猎，这与花豹的栖息地正好重合。花豹的捕猎方式以埋伏和突袭为主，它们通常在埋伏地与猎物之间的距离缩短到5—10米时，才会发动攻击，而且跑动距离通常为20—50米。好像涅恩库美也擅长这种捕猎方式，但显然它的启动距离和跑动距离比花豹要大一些，而且捕猎的对象也以体型稍大的动物为主，如斑马、角马、疣猪以及水羚羊。

涅恩库美居住的地域离我们的野保营地很近，有时候它会来到营地附近转悠。有一次，我们营地的一个马赛巡逻员居然在厨房附近与它对望了一眼，两者相距不过十米左右。它显得若无其事，自己慢慢走开了，倒把我们的马赛兄弟吓出一身冷汗。

虽然独自偏安一隅，但雄狮三兄弟好像也并没有完全遗忘它。有一次我发现赛托提和萨鲁尼兄弟与它在一起生活了几天时间。还有一次我发现萨塔拉与它正在交配。

所有这些看上去有别于其他母狮的异常行为引起我们很大的好奇。了解狮子习性的变化对我们是否能够有效地保护它们显得更加重要。

给狮子佩戴定位项圈是很多狮子研究项目都会做的事情，好处就不用说了，可以帮助了解狮子的活动规律。但这种方式还是存在很大的问题，比如，5—10公斤重的项圈对狮子日常生活的影响，以及打麻醉药对狮子体质和健康的影响。我清楚地记得在给涅恩库美注射两针麻醉药之后它的剧烈反应——身体不停地抽搐，足足持续了几分钟的时间，当时真是非常担心它的生命会有危险。（注：央视纪录片《马赛马拉：母狮涅恩库美戴圈记》《马赛马拉奥肯耶私人保护区》《星巴在东非坚守野保梦想》都是在奥肯耶保护区拍摄的。）

戴项圈前的涅恩库美

戴项圈之后的涅恩库美

交 配

为了种族的生存和繁衍，交配是所有动物的一门必修课。奥肯耶的母狮在一年中的任何时间都有可能进入发情期。

萨塔拉三兄弟通常会选择不同的母狮进行交配。交配的地点一般会离狮群较远，至少保持2—3公里的距离。

交配期一般会持续3天到一周，每天30—40次，每隔20—30分钟交配一次，每次耗时约5—12秒。

有时候萨塔拉三兄弟中会有两只在同一处地点与其他母狮交配，两对情侣间相隔不过30—50米。

在交配的时候，狮子通常就不会去捕猎或进食了，即使附近有斑马、角马、狷羚等食草动物偶尔经过，甚至已经进入了狮子捕猎的有效距离之内，它们往往也熟视无睹。

食草动物对狮子交配期间不会去捕猎的状况可能也已经了然于胸。我在实地观测中发现，很多时候狮子交配时附近都有一些食草动物在悠闲地漫步、吃草，很少向着狮子的方向张望，这与平时它们发现狮子时的表情截然不同。

交配中的狮子

玩耍的幼狮

顽皮的幼狮

母狮的孕期约100天，它们在分娩前10—15天会离开狮群单独生活。母狮一窝会生2—4只幼崽。小狮子出生时重1—2公斤，5—10天就可以睁开眼睛，10—15天便学会走路，25—30天会奔跑，6—7周后就会跟着母狮回到狮群之中过群体生活。

幼狮存活率不高，主要的威胁来自斑鬣狗、野牛和大象。在母狮独自抚养幼狮期间，幼狮最容易遭到攻击。奥肯耶母狮隐藏幼崽的地方主要在白颈山四周浓密的灌木丛里，在那里就近捕猎和饮水都很方便。母狮每隔1—2周就会带着幼崽转移巢穴，以免被其他掠食动物发现。在有些情况下，大象和野牛也会主动攻击母狮和幼崽。

通常情况下，所有亚成年雄狮（subadult lion）在2—3岁时会被父亲赶出狮群。而跟多数人了解的情况不一样的是，部分亚成年母狮（subadult lioness）在2.5—3.5岁的时候也会被逐出狮群。之所以会这样，估计是因为哥哥姐姐有时会在与弟弟妹妹的玩耍中对其造成伤害，在进食时也会抢夺并占据幼狮的空间。另外，避免近亲繁殖可能也是狮王需要考虑的因素。

幼狮之间很喜欢打闹、嬉戏和玩耍，这是幼狮的天性，也有助于其培养捕猎技能，但有时候年纪小一些的幼狮在年纪大一些的幼狮面前吃亏不小。在受到“欺负”的时候，幼狮会向母狮“投诉”，而母狮也会用舌头去舔舔幼狮，以示安慰之意。

令人感到惊异的是，奥肯耶萨塔拉三兄弟对待配偶的态度显然好于我观察过的其他成年雄狮。在食物比较缺乏的情况下，它们不允许幼狮和母狮与之一同进食；但在食物比较充足的情况下，三兄弟不仅允许幼狮与它们一同进食，也允许母狮与它们一同进食，但是母狮不能太靠近雄狮，否则雄狮会发出威胁的声音，做出恐吓的表情。

奥肯耶的幼狮对成年雄狮有些畏惧，虽然经常会以头碰头的形式打招呼，但我很少发现幼狮主动走近成年雄狮跟爸爸套近乎，或在雄狮面前休息和玩耍。

幼狮对人类很好奇。我经常独自驾车与狮群混在一起，时间久了，有时候幼狮会主动靠近我的车，抬起头望着我。如果我启动引擎缓慢开车前行，它们会稍稍闪开，有的幼狮会从后面缓慢靠近，甚至追逐一段距离。

母狮看守幼崽

三只小萌狮

爬树的幼狮

玩躲猫猫的幼狮

狮 吼

我在奥肯耶保护区的野保营地里几乎每天晚上都能听到狮吼声。

对我来说，狮吼声是世界上最美妙的声音；而对狮子来说，狮吼声则是一种长距离的沟通手段。

无论是成年雄狮，还是成年母狮，几乎每天都会发出这种足以传播到五公里以外的低频吼叫声。但我发现雄狮发出吼声的次数远远多于母狮的次数，即使雄狮与母狮在一起的情况下，通常也是雄狮先发出吼声，而母狮再跟随性地吼叫。

狮子通常在站立时发出吼声，但有时候也会在坐立时以及行走时发出吼叫声。

狮吼声每次会持续30—36秒。

奥肯耶的狮子很少在傍晚之前或早上日出以后发出狮吼声，晚上十点到凌晨五点之间是狮吼的高峰期。

这里的狮子发出狮吼声主要有以下几种情况：

1. 在多数情况下，狮子发出吼声是为了寻找狮群中的其他狮子，或是回应本狮群同伴的呼叫。

2. 在很多情况下，狮吼声是一种吃饱喝足和快乐的表示。

3. 在有些情况下，成年雄狮发出吼声是为了宣示领土主权，警告其他狮群或流浪狮不要进入奥肯耶保护区。

狮子与花豹

除唯一喜欢群居的猫科动物狮子之外，在奥肯耶保护区生活的其他猫科动物主要有花豹、猎豹、灵猫、麝猫等。

花豹的数量很难确定，可能有六七只，它们主要栖息在河流和高大的金合欢树周围。我们在保护区经常发现它们的地点有两个：一个位于西南部奥肯耶保护区和奈伯肖保护区的界河——奥苏普凯河附近；另一个位于北部的奥拉尔莱姆尼河流域。我最喜欢的花豹山就位于奥拉尔莱姆尼河的下游，属于白颈山在北部的延伸，周围高大挺拔的金合欢树、浓密的灌木丛、厚实的草甸以及数量众多的黑斑羚、林羚、犬羚、疣猪为花豹提供了一个完美的栖息地。

同为食肉动物，狮子当然不喜欢花豹，它们是竞争者的关系。如果找到合适的机会，狮子会驱赶花豹、抢夺花豹的猎物以及咬死花豹的幼崽。体重在60—80公斤的花豹自然不是体重150—200公斤的狮子的对手，但花豹身手更加敏捷，行动隐秘，对狮子总是退避三舍，也更擅长爬树，所以狮子很难抓到成年花豹。

狮子不太习惯丛林地带，它们更愿意在开阔的草原和低矮灌木丛活动，这与花豹选择的栖息地有很大区别，所以狮子和花豹发生冲突的机会很少。在多数情况下，花豹会主动避让狮子，即使狮子

狮子与花豹

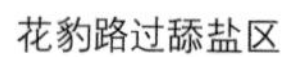
花豹路过舔盐区

爬树的花豹

走进了它们的栖息地。

花豹成功捕杀猎物之后，通常会把猎物拖上高大的金合欢树慢慢享用，就是担心狮子或斑鬣狗来抢夺食物。有时候，狮子会嗅着气味来到树下，它们并不擅长爬树，但母狮和年轻雄狮还是可以勉强爬到不太高的金合欢树的主干枝条，找机会触及树上挂着的猎物。所以花豹会尽可能把猎物拖到大树高处纤细却很结实的枝条上挂着，以提防会爬树的狮子。

在奥肯耶保护区，对花豹来说威胁最大的应该不是狮子，而是斑鬣狗。这种动物对花豹的习性可谓了如指掌。我经常发现斑鬣狗出没于花豹最喜欢的山丘附近，它们好像已经习惯跟随花豹，然后等待花豹捕猎后再抢夺其食物。奥肯耶的花豹和斑鬣狗的关系很特别，不像我们原来想象的那样势不两立。有一次，我在奥拉尔香波（Olare Sampu）附近，看见两只斑鬣狗和花豹居然肩并肩站在一起，距离不到两米，好像好朋友一般。花豹看上去一点都不紧张，只是紧盯着溪流的方向，似乎在寻找可以捕猎的对象。而斑鬣狗也向着相同的方向观望，只是意志没有花豹那么坚决，时不时还围着花豹转悠。

奥肯耶保护区的斑鬣狗很少自己捕杀猎物，它们比较依赖狮子、花豹和猎豹等猫科动物去捕杀猎物。但狮子通常不愿意斑鬣狗靠近自己，斑鬣狗跟狮子在一起会冒很大的风险。猎豹对斑鬣狗却是非常害怕的，经常避而远之，它们不可能与斑鬣狗靠得太近。

至于花豹，它们应该是非常讨厌斑鬣狗的。斑鬣狗在周围活动肯定会影响花豹的栖息，特别是捕猎活动。花豹需要隐藏在树上、水边和浓密的灌木丛里等待猎物接近，只有在十米的距离以内才会发动攻击。这个时候，如果斑鬣狗出现，那一定会破坏花豹精心设计的埋伏圈。论单打独斗，斑鬣狗不一定是花豹的对手，花豹的爆发力、弹跳力、攻击准确度都是优势，只是花豹忌惮受伤，也不愿意冒险跟斑鬣狗争斗，因此面对斑鬣狗的尾随纠缠也只好“睁一只眼，闭一只眼”。

当然，为了确保获得足够食物，斑鬣狗自然也不会主动去伤害对它们没有任何威胁的花豹和猎豹。

花豹和狮子对待人类的态度很不一样。狮子可以允许人类（在车上）接近至1—2米的距离，但花豹似乎很害怕人类，显得更为“不近人情”，即使是对于像我这样长期与它们相处、对它们没有任何威胁的人，它们多半都选择回避躲藏。这也许就是独居动物的天生秉性吧！

猴子和狒狒似乎对于自己的天敌花豹的这一秉性也了然于心。它们也知道花豹惧怕人类，不敢太靠近人类居住和活动的区域，因此选择栖息在波里尼马拉酒店和野保营地周围的金合欢树林内，以躲避花豹的追捕和猎食。 但我们有好几次居然在晚上发现花豹在高大的金合欢树附近出没，基本上都是猴子发出警惕的叫声后，我们才有机会用手电筒找到花豹的眼睛。

狮子与猎豹

猎豹是陆地上跑得最快的动物，最高时速可达到110公里，如果全速奔跑，最高时速60—70公里的狮子无论如何也无法追上猎豹。

奥肯耶保护区有11只猎豹，但它们的活动范围涵盖整个奥肯耶保护区和邻近的奈伯肖保护区的东部。

猎豹主要栖息在开阔平原附近的灌木丛里，捕猎时还是会选择平原上的目标，如汤姆森瞪羚、格兰特瞪羚以及走出灌木丛的黑斑羚。

猎豹体重在40—50公斤，头部较小，身材修长，因犬齿很短、咬合力不强，无法与其他大型食肉动物抗衡，因而无论是狮子还是花豹或是斑鬣狗，都可以轻而易举地抢夺猎豹捕获的猎物。

为了躲避其他竞争者，猎豹常常选择在温度相对较高的白天，甚至是正午捕猎，因为它们知道在这个时候，狮子和斑鬣狗几乎都是在睡觉或休息，所以我们在奥肯耶保护区看到猎豹捕猎的概率要大大高于遇见狮子捕猎。

其实对猎豹进食骚扰最大的也不是狮子，而是斑鬣狗。斑鬣狗在白天活跃的时间比狮子要多一些，它们虽然自己也捕猎，但更多时候还是抢夺其他食肉动物的猎物或是搜寻草原上动物的腐尸。

猎豹
Cheetah
Weight 50 kg Speed 120 km/h
Strength ! Life Span 17 yrs

狮子与猎豹

奥肯耶保护区有一只猎豹母亲，独自养大了五只幼崽，这是极为罕见的情况，因为猎豹幼崽的存活率不高，很容易被狮子或斑鬣狗发现并咬死。

猎豹母亲很喜欢把幼崽藏在猎豹平原上的低矮灌木丛里，当小猎豹长到一岁以上的时候，它就带着它们一起捕猎，教它们捕猎技巧。猎豹并不擅长爬树，但这几只小猎豹却很喜欢爬树，猎豹母亲总是在一旁观看。

猎豹跟狮子一样，好像与人类可以比较“亲近”，它们基本上不主动躲避坐在车里的人。我曾经有两次在巡逻的时候遇到猎豹跳到车上来的经历，它们似乎把我的车作为一个制高点，以帮助它们发现周围适合捕杀的猎物。

我曾经做过一项测试，希望了解人类步行时与猎豹之间的安全距离是多大。有一次，我发现猎豹妈妈带着三只幼崽在休息，我跟它们保持大概二十米的距离，这样大约维持了五分钟的时间。然后我轻轻地打开车门，缓缓地下车，站着不动，它们看到了我，好像有点紧张，但并没有移动。我站了两分钟，开始背对它们缓缓地向它们休息的方向移动，它们也没有什么反应。到离它们约十二米的距离处，我慢慢转过身，面朝它们。它们也盯着我，三秒钟之后，它们选择了离开。

其实每种动物和人类之间都有一个安全距离，在车子里和步行时接近动物的安全距离大不一样。无论是猛兽还是食草动物，几乎所有野生动物都更容易接受坐在车里的人，而不是站在地上的人。

我们人类需要尊重野生动物的习惯，不要超越野生动物与我们的安全距离，这是与它们和谐相处的先决条件。

丛林魅影——猎豹

猎豹跳上车

狮子与斑鬣狗

作为非洲草原上食物链顶端的食肉动物，狮子与斑鬣狗的关系是竞争对手。两者是非洲草原上永远的宿敌。

在奥肯耶保护区，狮子的主要栖息地在白颈山周围，而斑鬣狗的主要栖息地在奥拉尔莱姆尼河上游以西约1.6公里外的灌木丛周围。

斑鬣狗是群居动物，一个群体有20—40只斑鬣狗，通常由一只斑鬣狗女王统领。奥肯耶保护区内斑鬣狗的数量可能在100只左右，很可能是非洲最大的斑鬣狗群。我曾经看到的斑鬣狗群，最多的一次有55只左右，那是在黑面狷羚平原，它们正在按等级先后顺序进食一匹斑马。

在非洲，大体上来说，斑鬣狗40%左右的食物来源于自己捕猎，主要是团队协作捕杀角马、斑马、羚羊类中型动物；60%左右的食物主要依靠抢夺其他掠食动物的猎物，尤其是猎豹、花豹和狮子的猎物。奥肯耶保护区的斑鬣狗很少自己捕猎，也许是因为狮子、花豹和猎豹的密度比较大，抢夺它们的猎物比自己捕猎更容易一些。

从个体战斗力来看，单只斑鬣狗无法与母狮抗衡，母狮的体重在150公斤左右，斑鬣狗的体重在60公斤左右，但是斑鬣狗的咬合力大于狮子，如果三五只斑鬣狗面对一只母狮，那么它们就敢从母狮的嘴里抢夺猎物。在这种情况下，母狮通常会选择后退，以免受到斑鬣狗强大咬合力的伤害。

但是面对雄狮，斑鬣狗的勇气却不值一提，即使十几只斑鬣狗在一起，也不敢和雄狮较劲。有时候，在母狮经常受到斑鬣狗群骚扰的情况下，雄狮会为母狮出头，单枪匹马闯入斑鬣狗的阵中，直接攻击并咬死斑鬣狗女王，从而威慑整个斑鬣狗群。我曾经在夜里目睹雄狮赛托提进入奥莱莱提奥灌木林（Olelentiol Woodlands），驱散了不久前抢夺母狮猎物的斑鬣狗群，并最后锁定了斑鬣狗女王，凭借二百来公斤的体重和强大力量在二十秒之内通过狮子惯用的锁喉招数解决了战斗，咬住母斑鬣狗的喉咙约三分钟才慢慢离开。这样的行动往往会给斑鬣狗群造成长时间的恐慌情绪，以后至少两三个月内，斑鬣狗群都不敢轻易抢夺母狮的猎物。

雄狮或成群的母狮如果找到斑鬣狗的巢穴，也会尽量多地杀死斑鬣狗幼崽。

除非在非常饥饿的情况下，狮子通常不会吃掉斑鬣狗。但斑鬣狗不会放过任何机会去攻击并进食幼狮、严重受伤或极其衰弱的母狮或雄狮。

狮子和斑鬣狗之间发生冲突的频率取决于它们共同的栖息地上食草动物的密度。这种冲突也帮助这两个旗舰物种保持危机意识，不断进化和提高基因质量，以更适应变化的环境。

狮子与斑鬣狗

斑鬣狗
Spotted Hyena

Weight 70 kg Speed 33 km/h

Strength 8 Life Span

小雄狮带着幼狮面对斑鬣狗

黑背豺

狮子与黑背豺

奥肯耶保护区常见的豺是黑背豺，几乎每日都能见到它们四处游走的身影，它们对各种地形都能够适应。

黑背豺是典型的机会主义者，尽管有时候会自己捕猎，能够找到机会捕杀汤姆森瞪羚、格兰特瞪羚、黑斑羚、狷羚和黑面狷羚的幼崽，但多数时候会依赖腐肉为生。

黑背豺经常是雌雄结伴而行，有时候也会带着快成年的幼兽一起觅食。

在奥肯耶保护区，黑背豺是我们发现狮子的好帮手，它们总是活动在狮子、猎豹、花豹和斑鬣狗附近，希望能够吃到这些动物吃剩的猎物。

守在狮子身边可不是一件容易的事情，虽然狮子很少主动驱赶或攻击黑背豺，好像已经适应了黑背豺的跟随和陪伴，展现出了很好的“大哥”风范。但如果黑背豺过于靠近狮子，狮子的爆发力也会很容易让黑背豺付出生命的代价。所以黑背豺在狮子附近总是小心翼翼，保持着十米以上的安全距离，但有时候在饥饿的情况下，黑背豺会冒险靠近至三五米，伺机“偷食”一块碎肉。

当然，如果有幼狮在场，母狮对黑背豺的容忍度会大大降低。

而幼狮对于黑背豺的态度却有些微妙——有时候好奇，有时候害怕，有时候又会主动驱赶黑背豺。总之，年龄越大，幼狮胆子越大。对黑背豺来说，很多时候需要提防的不是雄狮和母狮，而是一两岁的幼狮。

狮子与大象

奥肯耶保护区是大象的乐园，它们每天都穿梭于山地、林地和高大灌木丛之间，总是沿着东北—西南方向双向移动。这一点足以证明大象知道奥肯耶保护区和邻近的保护区对它们来说是安全的，因为奥肯耶保护区的西北部、北部和东部都有居民点，只有西南部和东北部有山地和茂密的灌木丛林。

奥肯耶保护区很多地方植被茂盛，但有些地方的很多大树被连根拔起，肇事者无一例外都是大象。

任何动物的数量都不能超过大自然和生态系统所能承受的范围。

在自然界中，能够控制大象数量的只有狮子，而奥肯耶保护区拥有一个超级狮群。

大象是陆地上最大的动物，成年母象重约三吨，公象重约六吨；而其他大型食肉动物如花豹、猎豹和斑鬣狗体重都不到100公斤，它们实在无法对大象或是幼象构成任何威胁。

成年母狮体重在150公斤左右，成年雄狮体重在200—250公斤，虽然与大象差距很大，但如果是一群母狮加上一至三只雄狮，在饥饿难耐的情况下，它们会主动攻击老弱病残的大象，特别是孤立无援的大象。在雨季食草动物分布比较分散、纷纷走出保护区的时候，狮子攻击大象的概率比较高；而在旱季食草动物相对集中于保护区内的时候，很难见到狮子攻击大象。毕竟，攻击大象可不是像捕杀角马那么简单，不仅受伤的风险很大，而且会耗费大量的时间和体力。

大象的记忆力很好，它们对狮子非常反感，总是想方设法驱赶狮子，有时候也会故意践踏母狮藏匿幼狮的地方，希望对幼狮造成伤害。因为大象经常发现我和狮群在一起，所以奥肯耶保护区的象群对我也不太友好，有好几次都试图攻击我的车辆。所以，在奥肯耶保护区执行巡逻和研究任务的时候，我最害怕的就是大象，而步行或骑摩托车的巡逻员或当地居民最害怕的动物也是大象。

但是，大象其实在多数情况下并不会主动攻击人类，只是它们经常遭到盗猎者捕杀，所以对人类比较警惕，与人类的安全距离比较大。从这个意义上说，只要我们跟大象保持50米以上的距离，就不会有危险。但如果大象带着幼崽经过，务必要离得更远些。

狮子与大象

狮子与大象对峙

Weight 5000 kg Speed 35 km/h

Strength 10 Life Span 60 yrs

狮子的邻居——野牛

狮子捕杀野牛

狮子与野牛

野牛成群活动，移动范围很大，但它们显然比较喜欢奥肯耶保护区，经常在白颈山以西靠近水源的草原和低矮灌木丛附近活动。它们几乎每天都要喝水，所以很少远离水源。野牛很少越过狮子谷的西面，我也从来没有看到它们出现在黑面狷羚平原以及以东的地方。

野牛可能是狮子最喜欢的食物，但捕杀野牛对于狮群来说风险太大。成年公牛体重可达700公斤，而雌性野牛也有500—600公斤重，野牛的力量和牛角的锐利可以对母狮造成致命的伤害。

狮群通常会选择落单的野牛下手，但至少三至六只母狮才有可能放倒一头野牛，这需要极大的体力、超强的耐心和不凡的智慧。有的时候雄狮会在最后几个回合帮上一把，它们200—250公斤的体重和巨大犬齿的咬合力会很快改变相持不下的战局，让筋疲力尽的野牛丧失希望。从另一方面来说，母狮在雄狮加入战斗的情况下也会焕发出新的体力和战斗力。

在马赛马拉，野牛群有时候会主动袭击狮群隐藏幼崽的灌木丛，这也是导致幼狮死亡率高的一个主要原因。但在奥肯耶保护区，狮子显然很了解野牛群不愿意在狮子谷以西活动的规律，通常会把幼崽隐藏在狮子谷及白颈山周围的灌木丛里。

有一段时间，2015年7—8月，我们在野保营地的周围经常发现一头落单的野牛。它个头很大，但看上去年纪也比较大了。我早上出发巡逻或晚上巡逻归来经常会与它不期而遇，它采取的动作通常都是迅速躲进灌木丛。

步行时与野牛相遇可不是一件有趣的事情。野牛的最高速度可以达到每小时50公里，比人类要快很多。奥肯耶保护区西北部的马赛人为了到达通往内罗毕的主干道，有时候需要步行横穿保护区，这时他们最怕的动物不是狮子，而是大象和野牛。

记得2011年有一次我在马赛马拉国家保护区与两个巡逻员一起开车追踪盗猎者。意识到车在接近，盗猎者发现了我们，他很快就跑进了附近的灌木丛。我们也下车跟着追过去。刚追了不到一百米，跑得最快的巡逻员气喘吁吁地又跑回来，惊慌失措地说前面有一个野牛群，让我们赶紧上车。徒步遇见野牛，几乎和遇见大象、犀牛与河马的危险性是一样的。

狮子与我

狮子和人类的关系历经久远，既复杂也简单。在奥肯耶工作期间，我对研究狮子与人类的关系非常着迷。

在我个人与狮子的接触中，我很享受和它们在一起的时光。从最初跟我的距离保持在十米左右（就像它们对游客一样）到一年之后的五米、三米和一米，它们对我是如此的友好，以至于我感觉跟它们在一起就像和亲朋好友在一起一样。当我跟狮群独处的时候，有时候母狮会主动接近我的车辆，用身体轻轻地蹭一下，似乎是在跟我打招呼；有的母狮有时会走过来，在我车辆旁边的阴影里睡觉，而我却丝毫没有恐惧之感，相反，有时候甚至想伸手去抚摸它。从它们对我的这些行为表现来看，它们很可能已经能够感知我对它们的爱意和善意，也愿意跟我做一些互动，表示它们对我的认可和接纳。

但是，当我身边有马赛人陪同或游客陪同的时候，它们离我的安全距离又回到了十米左右。这是因为，由于世代的仇怨，狮子对马赛人显然无法完全认可和接纳。而一般来奥肯耶的游客或者参与野保活动的朋友，最多也只会住上三四天，如此短暂的时间很难消除狮子的不熟悉感，也就很难和狮群拉近距离。

我记得在2013年2月，当《非洲十年》作者梁子来到奥肯耶拍摄我在这里工作和生活的纪录片的时候，她在这里住了将近一周的时间，我每天都开车带她去追踪狮群。在最后两天，不仅母狮很明显拉近了和我们的距离，最近时大概隔着三米远，最让人惊讶的是，连雄狮也主动靠了过来。而此前，我独自巡逻的时候，雄狮总是刻意和我保持很远的距离。狮子和人类的关系，是否有异性相吸的特质在里面，我还无法确定，需要有更多的实例来证明。

有时候，当我听到了狮子的吼声，我也会模仿它们的声音，对它们给予回应。我不知道这种方式是否能够拉近我和狮子的距离，不知道它们能否意识到这是人类在模仿它们的声音，但无论如何，它们很可能知道这是善意的呼唤，一个守护它们的人类朋友的呼唤。

星巴与狮子

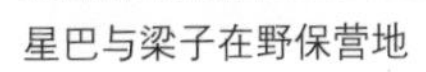
星巴与梁子在野保营地

梁子在工作中

狮子与马赛人

狮子在东非草原上与当地的原始部落马赛人比邻而居。马赛人喜欢狮子，但有一个持续很久的传统，他们会以杀死狮子作为青年人成为勇士的标志。

由于马赛人数量增长很快，牧群数量更是失去控制，这导致野生动物栖息地不断减少，人类与狮子的冲突不断加剧。狮子有时会冒险攻击马赛人的牛群，而马赛人也会以各种方法杀死狮子。

因此狮子对马赛人非常畏惧。这也可以解释为什么我们经常看到马赛人白天步行穿越保护区却从未被狮子攻击的个中缘由了。

马赛巡逻员与狮子

狮子与游客

奥肯耶保护区只有两个生态帐篷酒店，一次最多可以接待30位游客，每位游客可以占到近2.5平方公里的面积，属于低密度保护区。如果从SAFARI（本意是狩猎旅行，只是现今猎枪变成了捕捉影像的相机和摄像机）车辆的角度来计算，每辆车平均可以乘坐6位游客，30位游客需要5辆车，每辆车在旺季的时候可以占到近15平方公里的面积。所以，无论是游客密度还是车辆密度，奥肯耶保护区都控制在很低的范围内，以减少对环境的损害和对野生动物的骚扰。

狮子见到在车辆中的游客，可以容忍的安全距离为十米左右，十米之外，它们几乎当游客不存在，除非游客的动作比较大或者是声音比较响。有时候，狮子特别是幼狮会主动走近游客的车辆，最近可以达到两米左右；有时成年雄狮和母狮也会从车辆边上从容走过。

换言之，我们由此可以分析出狮子应该能够感知游客不会对它们产生威胁，对游客车辆的熟悉程度、游客的笑容和相机可能也会帮助它们做出这样的判断。

总而言之，如果游客的车辆跟狮子的距离保持在十米以上，而且坐下或站立或拍照的动作保持缓慢的节奏，不发出很大的声音，即使相互之间窃窃私语，狮子睡觉、玩耍、进食和交配的行为都不会受到什么干扰。

如何找到狮子

寻找狮群是我在奥肯耶保护区工作期间每天最兴奋、最期待的事情，相信这也是很多来非洲SAFARI旅行的游客们共同的爱好。

我寻找狮群的目的，主要是研究它们的活动范围、习性的变化以及它们与食草动物和其他肉食动物的相互关系。

盘旋的秃鹫

但要发现狮群却不是一件容易的事情，主要取决于狮群的活动线路、我们的活动线路、我们的运气、我们与狮群的缘分以及我们所掌握的一些技巧。

经过两年来对奥肯耶狮群的观察，我们也总结了一些可靠的经验，发现了一些容易找到狮群的线索。

1. 食草动物的表情

当发现长颈鹿、斑马、角马、瞪羚等食草动物都盯着一个方向张望时，很有可能是出现了狮子，也有可能是出现了花豹、猎豹、斑鬣狗等中型食肉动物。

2. 盘旋的秃鹫

食肉动物捕猎成功之后，猎物通常会吸引秃鹫在上空盘旋。这个现象可以让我们在很远就发现狮子或其他食肉动物的踪迹。

3. 黑背豺

黑背豺总是跟随狮群活动，特别是狮群捕猎成功后，多数情况下都会有黑背豺的身影。在奥肯耶保护区，我们经常通过跟踪黑背豺找到狮群。

4. 珍珠鸡

珍珠鸡既飞不了多高，也飞不了多远。成年狮子对珍珠鸡没有什么兴趣，但小狮子有时会主动攻击珍珠鸡。一旦发现狮子经过，珍珠鸡就会发出与它们身材极不匹配的噪声。

5. 猴子和狒狒

猴子和狒狒站得高望得远，它们目光敏锐，很容易发现食肉动物。猴子不会离开树林，狒狒有时候会在白天走到开阔平原上，但也不会离开树林太远。狮子有时候会捕杀在平原上的母狒狒或小狒狒，但很难抓到树上的猴子。只要发现狮子或花豹，这些灵长类动物会发出尖锐刺耳的声音进行警告。

6. 狮子脚印

留意雨季时候的地面、旱季时的沙地、水塘边或河床，狮子留下的脚印会告诉我们它们的踪迹。

我在奥肯耶保护区几乎每天都能发现狮子。我去过非洲十二个

发现狮子的水羚

黑面狷羚发现狮子

丛林狒狒

观察狮子的足迹

国家约二十个野生动物保护区，但能够每天看到狮子、每晚听到狮吼声的地方可能就只有肯尼亚马赛马拉的奥肯耶保护区。

此外，在非洲发现狮群的概率比较大的保护区还有：肯尼亚的马赛马拉国家保护区、坦桑尼亚的塞伦盖蒂国家公园、赞比亚的南卢安瓜国家公园、津巴布韦的万基国家公园、博茨瓦纳的乔贝国家公园（南部萨乌提地区）和莫雷米国家公园、纳米比亚的埃托沙国家公园，以及南非的克鲁格国家公园。

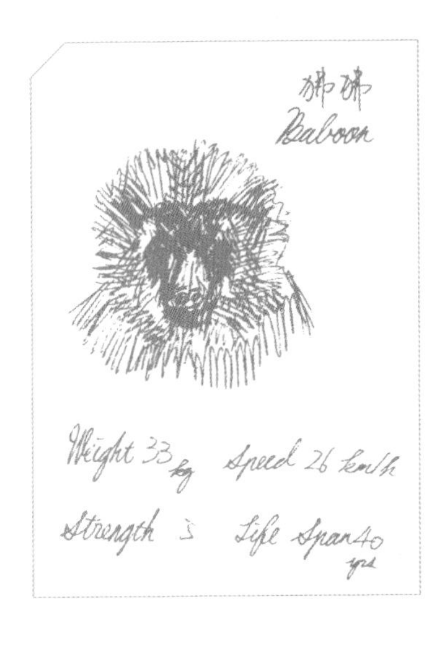

如何与狮子相处

马赛马拉每年吸引着大量来自世界各地的游客。很多游客显然都是冲着狮子来的，他们知道马赛马拉是非洲最容易看到野生狮子的保护区。对动画片《狮子王》的喜爱、雄狮的威严和雄壮、雌狮健硕与匀称的身段以及高超的捕猎技巧、幼狮可爱的外貌以及喜好集体玩耍的性格，都是吸引游客的主要因素。

游客通常都集中在马赛马拉国家保护区，不过，在旅游旺季的时候，过多的游客显然给狮子的日常生活带来了很大的困扰。狮子是夜行动物，喜欢在白天睡觉，每天睡觉时间高达18—20小时，只有傍晚6点到次日清晨之间的几个小时相对比较活跃。可想而知，白天大量聚集的游客的喧闹声显然对狮子的睡眠造成了很大的影响。

此外，狮子的玩耍、捕猎、进食和交配也很容易受到高密度的游客车辆的打搅。

如何减少对狮子生活的负面影响，相信是很多喜欢狮子的朋友愿意考虑的问题。

与狮子友好相处并不简单，必须遵从一些规则：

1. 与狮群保持10—20米的距离。

2. 保持安静，不要喧哗，更不要惊叫。

游客与狮子

3. 不要把头伸出窗外，不要站在车顶上。

4. 所有的动作，特别是坐下和站立之间的转换必须缓慢，不要太大太快。

5. 拍照时不要开闪光灯。

6. 不要在狮子旁边吃零食。

7. 千万不要下车！

人狮冲突

由于奥肯耶西北、东面和南面都是马赛部落的居民点，所以人类居民点的扩张以及过度放牧是导致人狮冲突的根本原因。

狮子很有灵性，很聪明，它们似乎知道在保护区里面相对来说是安全的，因而它们在绝大多数情况下不会走到保护区外面去。

但是，在3—6月马赛马拉雨季时，定居在奥肯耶的食草动物比较分散，很多动物也会走出保护区。狮子在饥饿时有时会尾随食草动物走到保护区的外面。如果进入西面、南面或是正北面，奥肯耶的狮子可能会与其他狮群的狮子或流浪狮发生冲突。如果进入西北和东面，在饥饿难耐的情况下狮子可能会在夜晚冒险袭击马赛人村落里的牛群。

对于马赛人来说，牛群是他们非常重要的财产。当牛群被狮子袭击后，他们会对狮子采取报复措施，最常见的方式是在狮子吃剩的牛肉里面放置毒药。狮子通常会返回寻找吃剩的牛肉，而且也可能会引来斑鬣狗、黑背豺、秃鹫、秃鹳等食腐动物。这样一来，狮子和这些动物都会被毒死。

长期以来，人兽冲突是导致狮子、斑鬣狗和其他食肉动物减少的一个主要原因。为了有效减少人兽冲突，我们采取了一些措施，几年下来取得了很好的成效。这些措施大致有：

1. 推动保护区的生态旅行，创造持续的经济收入和就业机会，造福当地马赛部落。

2. 为周边的马赛村寨修建防狮围栏，可以有效阻止狮子对牛圈的攻击。

3. 雇用当地马赛人担任巡逻员，负责反盗猎和减少非法放牧的工作。

4. 向保护区捐赠车辆、摩托车和其他野保物资，提高巡逻员的工作效率。

5. 支持当地马赛人的社区小学提高教育水平，通过野保教育让马赛人了解狮子对于生态环境的重要性。

被狮子咬伤的黄牛

非法放牧的牛群

拯救与保护

野生动物没有护照，没有国籍，在任何地方保护任何濒危野生动物都值得鼓励。

—— 星巴

犀牛
Rhino
Weight 2150 kg Speed 45 km/h
Strength 9 Life Span 40 yrs.

狮子的哀歌

一百年前，非洲大陆上还有约二十万只野生狮子，但是由于栖息地的丧失和人类的杀戮，今天非洲仅存的野生狮子数量已经不到三万只。如果不采取紧急有效的措施，它们很有可能在一二十年内灭绝。

作为食物链顶端的食肉动物，狮子在非洲草原生态系统中占有非常关键的地位。一方面，它们可以有效地控制其他食肉动物和食草动物的数量，以免任何一个物种数量超过自然环境的承载能力；另一方面，它们也通过捕猎中型和大型食草动物中的老弱病残成员，有效地帮助它们提升基因质量。

在非洲草原上，狮子的数量是判断一个野生动物保护区的食物链是否完整的标尺。如果狮子能够自由地、健康地、稳定地生活在保护区内，那就证明它们的主要食物——角马、斑马、野牛、大象、长颈鹿的数量也处于比较稳定和平衡的状态。

在非洲，狮子面临的最大威胁是栖息地的丧失和人类的杀戮，主要原因是人口的过度增长。人口的过度增长会引发以下的灾难：

1. 全球气候变化。

2. 环境破坏。

3. 野生动物栖息地被占据、压缩和分割。

4．野生动物遭到随意杀戮。

肯尼亚的狮子数量也已经不到3000只，由于人类的短视、自私和狭隘引发的人狮冲突导致每年都会发生很多起狮子被当地村民围捕杀戮的事件。

在擅长使用枪、矛、毒箭、兽夹、毒药的人类面前，贵为兽中之王的狮子却显得非常弱小，它们通常会选择退后、躲藏，直至无路可退。

狮子的命运

星巴　蔡英萃

10月27日，星巴收到野保传奇人物、世界上最早系统地做非洲狮研究的乔治·夏勒博士的邮件：据来自牛津大学等多家研究机构于9月27日在伦敦动物学会联合发布的文章，在过去的20年里，由于人类活动的影响，非洲狮的数量正在快速下降之中。除非得到切实有效的保护，它们很可能很快就会从非洲大陆很多地区消失。

这篇文章是Hans Bauer、David Macdonald、Luke Hunter和Craig Packer等多位大型猫科动物和狮子研究领域世界权威的科学家联合研究的成果。

除了南部非洲以外，西部非洲、中部非洲以及东部非洲的狮子数量都在快速下降之中，按照这个趋势，很可能在未来的20年内，狮子数量会再减少50%。不仅如此，未来还会有更多地区的狮子将会完全消失，特别是西部非洲和中部非洲。

狮子数量下降的主要原因有：

1. 栖息地的丧失。

2. 食物（食草动物）的缺乏。

3. 人类对狮子的杀戮（包括人狮冲突和运动狩猎）。

4. 对狮骨的需求。

该文章调查了非洲67个尚存狮子的保护地中的47个地区，共统计了8221只狮子。在所有调查区域中，南非克鲁格国家公园现存野生狮子的数量最多（1672只），紧随其后的是博茨瓦纳的奥卡万戈三角洲（1107只）。

另外，狮子数量相对较多的地方还有：

纳米比亚的埃托沙国家公园（457只）；

博茨瓦纳的马加迪加迪国家公园（457只）；

坦桑尼亚的塞伦盖蒂国家公园（300只）；

肯尼亚的马赛马拉国家保护区（286只）；

博茨瓦纳的乔贝国家公园（285只）；

喀麦隆的贝鲁伊国家公园（200只）；

坦桑尼亚的塔兰吉尔国家公园（157只）；

乌干达的伊丽莎白国家公园（144只）；

乌干达的默奇森国家公园（132只）；

博茨瓦纳的卡加拉加迪保护区（115只）。

统计中缺乏津巴布韦、赞比亚和坦桑尼亚等地的数据，相信津巴布韦的万基国家公园、马纳潭国家公园，赞比亚的下赞比西河国家公园、卡富埃国家公园，坦桑尼亚的塞勒斯保护区、卢阿哈国家公园也是非洲狮数量较多的地区。

在所有调查的地区中，博茨瓦纳有四个保护区的狮子数量名列

前茅，这也反映出在非洲其他很多地区狮子数量下降和濒于灭绝的主要原因是人类数量的快速增长。博茨瓦纳的面积是58万平方公里，人口却不到230万，每平方公里不到4人。而在与博茨瓦纳面积相同的肯尼亚，人口却达到了4100万，每平方公里接近70人。

尽管很难对现存非洲狮的数量做一个准确的测算，但最乐观的估计也不到三万只。在世界自然保护联盟濒危物种红色名录（IUCN红色名录）中，狮子这个物种目前的生存状况处于“脆弱的”（vulnerable）状态，即野外高风险濒危状态（high risk of endangerment in the wild）。

狮子是非洲草原上的旗舰动物，它可以有效平衡其他食肉动物和食草动物的数量和基因质量，是维护食物链和生态平衡的关键物种。如果狮子灭绝了，非洲草原生态系统将会遭到灾难性的打击，也会对全球生态系统造成不利的影响。

但是，目前全球公众和媒体对狮子命运的关注还远远不够。相对而言，大象受到关注的程度远远高于狮子，尽管非洲象的数量在40万—50万头，是非洲狮数量的十几倍。

非洲草原王者的命运何去何从？

保护狮子的自然栖息地是拯救狮子的关键所在，而社区保护是栖息地保护的希望所在。

现在是把以往仅仅注重科学研究的模式改变为“研究＋保护”模式的时候了！研究并不是目的，保护才是最终的目的。只有让当地人持续受益的野保模式才能真正解决狮子和其他野生动物生存的问题，才能更好地让当地社区参与野保事业，从而更多更快地建立社区保护区，通过发展生态旅行的模式来实现保护区的可持续发展。

马拉野生动物保护基金会（Mara Conservation Fund，MCF，简称“马拉野保基金会”）致力于保护野生动物自然栖息地和濒危物种，特别是狮子等大型猫科动物，是第一个由中国人在非洲注册成立的民间公益组织。

自2011年在肯尼亚注册成立以来，马拉野生动物保护基金会与肯尼亚野生动物管理局（KWS）、东非野保协会（EAWLS）、动物观察（GW）等机构签署了合作协议，建立了合作伙伴关系，在以下几个领域帮助肯尼亚提高狮子生存的机会。

1. 捐赠野保物资，提高巡逻效率。

马拉野保基金会向肯尼亚政府、马赛马拉国家保护区以及马赛马拉和莱基比亚地区的十个社区保护区捐赠了五辆越野车、十五辆摩托车以及五批帐篷设备、手持GPS（全球定位系统）、望远镜、手电筒、手机、手提电脑等野保物资。

2. 帮助社区实现可持续发展。

通过保护狮子、促进生态旅行来帮助马赛社区提高收入和增加就业机会，提高社区对保护狮子重要性的理解以及对狮子攻击家畜的容忍度。

3. 帮助社区修建防狮围栏，有效减少狮子攻击家畜的频率。

目前已帮助马赛社区修建了三处防狮围栏，争取在三年之内再修建七处防狮围栏，覆盖奥肯耶保护区的四个方向。

4. 帮助马赛社区发展教育事业。

帮助修缮校舍，捐赠文具，开设四门兴趣课（野保、音乐、绘画、摄影），资助聘任新的教师。

四年来，我们从无到有，摸着石头过河，慢慢搭建起全球华人参与野保的平台，得到了越来越多朋友的支持，取得了一些进展，在中国和非洲野生动物保护教育与合作的领域发挥了一些积极的作用，向世界发出了中国人参与野保的声音。

我们期待更多有识之士能够加入到我们的行列之中，为狮子和其他濒危动物多争取一些生存的机会，也为提高华人的国际形象、鼓励中国在野保领域发挥领导作用做出不懈的努力。

2015年10月28日

拯救狮子

帮助狮子继续生存下去最有效的方式就是保护它们的自然栖息地。

狮子能否继续生存下去？一切取决于我们人类自身的行为，也考验着我们人类的智慧。如果狮子灭绝了，非洲草原将失去灵气和秩序，生态系统将失去平衡。按照非洲起源说，非洲是人类的摇篮，随后人类走出非洲，在世界各地繁衍生息。因此，对于狮子来说，几十万年以来，它们恪尽职守，守护着人类的起源地。令人讽刺的是，人类发展到今天，却仍然在不停地毁灭自己的起源地。

非洲的热带雨林、丛林、草原和湿地在全球生态系统中具有不可替代的重要作用。如果非洲的生态环境遭到破坏，全球生态系统也会受到致命的损害。

从这个意义上来说，保护狮子，就是保护我们人类的起源地和地球生态系统的重要环节，也就是增加我们自己和子孙的生存机会。

跟大象、犀牛、长颈鹿、斑马等食草动物不同，保护以狮子为代表的食肉动物更为复杂、更为困难，因为大型食肉动物对自然栖息地的依赖更大，它们需要有一条完整的生态链才能够健康地生存下来。而食草动物则不同，只要有相应的植被和水源，它们都能够生存繁衍，并不依赖于狮子或完整食物链的支持。

试想，一头成年母狮日均食量在6—7公斤，一年下来至少要进食2190公斤左右的肉类。如果我们按照一个狮群10只狮子的标准来测算，维持一个狮群一年所需要的食物约为21900公斤肉类。狮子经常捕猎的对象是角马、斑马和野牛，角马的平均重量是200公斤，斑马的平均重量是250公斤，非洲野牛的平均重量是700公斤。按照相对简单的比例（5∶3∶1）测算，一个狮群每年需要捕猎55只角马、26匹斑马和3头野牛。由此，我们可以得到一个结论：如果一个狮群能够在一片栖息地繁衍生存，那么角马、斑马和野牛的数量也应该能够达到一个平衡点。

如此说来，保护狮子和其他食肉动物，就意味着对其他所有物种的保护，这依赖于我们有效地对野生动物的自然栖息地进行保护。

非洲的野生动物保护区

帮助狮子继续生存下来最有效的方式就是保护它们的自然栖息地。

在非洲，从南非到肯尼亚，经过几十年的实践，很多非洲国家都出现了为数不少的野生动物保护区，其统一模式都是通过发展旅游业来实现保护区的可持续发展。这些保护区主要有三种形式：一是中央政府管理的保护区；二是地方政府管理的保护区；三是当地社区和保护组织或公司共同建立和管理的保护区。

这三种形式的保护区效果不一：有的运行得很好；有的依赖政府拨款苟延残喘；有的管理不善，运营困难。

建立可持续发展的保护区是拯救狮子的关键所在。而保护区成功与否取决于当地社区能否从保护狮子和其他野生动物的自然栖息地的工作中获得长期而持续的收入和利益。

在肯尼亚，奥肯耶保护区、莱瓦保护区和奥尔帕吉塔保护区是私人保护区的典范，它们与当地部族签订地租协议建立保护区，然后通过发展可控的生态旅行来筹措资金使得出让土地的家庭能够获得可持续的收益，以便更好地管理保护区，让社区参与野保，更有效地减少盗猎和非法放牧。

不过，随着非洲国家纷纷拥抱工业化，以及人口过度增加导致居民点扩大和对农业、畜牧业的依赖增强，野生动物的栖息地不断被占据、蚕食、分割，最终呈现为碎片化。很多野生动物的迁徙路线被阻断，这又导致狮子和其他各种野生动物的基因库质量下降，形成恶性循环。

要解决这个问题，非洲各国政府必须具备战略眼光，以保护野生动物的栖息地为目的而发展旅游业。实际上这是最可持续的经济发展策略，既能保护生态环境和野生动物，又能解决国家外汇储备、居民就业以及收入的问题。如果决策者目光短浅、急功近利，盲目重复工业化的老路，势必导致环境破坏、野生动物栖息地减少、野生动物数量减少、本已濒危的野生动物走向灭绝，那么很多非洲国家，特别是缺乏石油和矿产资源的国家将逐渐走向崩溃，饥荒、疾病和冲突引发的人道主义灾难将摧毁人类的起源地。

通过立法和执法来支持和鼓励更多的部落建立野生动物保护区是拯救濒危野生动物的希望所在，也是地球上为数不多的野生动物的伊甸园能得以继续存在下去的希望所在。

地球只有一个，它是我们人类与野生动物共同的家园。人有国籍，但生态环境没有国籍，野生动物没有国籍。保护非洲的生态环境和野生动物栖息地不仅是非洲国家的责任，更是国际社会共同的责任。

很多大国垂涎于非洲丰富的自然资源和巨大的市场，但是试想，如果环境破坏了，资源枯竭了，市场的利润还能持续存在吗？只有超越国家、政治、宗教的差异，并肩携手合作，我们才有可能更好地保护我们祖先的起源地，让我们的子孙后代都能够在非洲大草原上看到自由奔跑的狮子。

我一直在思考一个问题，难道人类文明的诞生真是地球所面对的最大灾难吗？

生存或毁灭，执于人类之手！

奥肯耶野保营地

奥肯耶野保营地位于马赛马拉奥肯耶保护区北部偏东位置的奥肯耶探险帐篷酒店。

这里是奥肯耶保护区植被最好的区域之一。营地四周被高大的金合欢树和低矮的灌木丛环绕，从外面几乎看不到里面。唯有穿过依稀可见的小径，才能到达这人世间的伊甸园，颇有“山重水复疑无路，柳暗花明又一村”的感觉。

营地扼守保护区的东部边界，负责整个北部区域的巡逻任务。

象群经常会从营地路过，但从来没有侵袭过我们。

很多斑马、黑斑羚和水羚羊都很喜欢我们的营地，基本上就栖息在营地周围。这里给它们提供了安全的庇护所，可能它们已经了解到狮子等猛兽害怕人类，不会到营地周围来捕猎。

有时候在营地四周的金合欢树上能看见花豹。2012年的时候，在营地向北约八百米的地方，有一只母花豹带着三只幼崽在花豹山栖息，但是2013年年初，我就很少发现它们了，可能是斑鬣狗发现了它们的巢穴。

狒狒和猴子是营地的常客，如果离开帐篷不把拉链拉好的话，它们就很有可能偷偷潜入，翻箱倒柜。

奥肯耶野保营地

长颈鹿也经常造访营地，但始终跟我们保持五十米开外的距离，经常很好奇地注视着我们的一举一动，神态憨厚，可爱至极。

奥肯耶保护区有三个酒店：波里尼马拉酒店、灌木丛豪华帐篷酒店和探险家帐篷酒店。我最喜欢的还是野保营地所在的探险家帐篷酒店。

我加入了非洲原始部落

2004年我第一次踏上非洲的土地，那是我第一次来到马赛马拉，第一次见到野外的狮子，也是第一次了解和认识马赛人。

从那时到2015年我正式加入马赛部落，已经有11个年头了。

马赛是非洲最古老的部族之一，马赛人迄今为止依然保持传统和原始的生活。

几千年来，他们一直生活在肯尼亚和坦桑尼亚的交界处，与野生动物为邻，过着艰难的游牧生活。从野生动物保护的角度来看，全世界人都应该感谢他们，他们宁愿自己辛苦饲养家畜，也不吃野生动物，这是对野保的最大贡献。我们在今天依然能够看到各种各样的野生动物在非洲大草原上自由自在地生活，他们功不可没。

在我看来，马赛族可能是世界上唯一同时具备真诚、善良、勇敢、简单四项特性的民族。因为有了马赛人在这里定居，马赛马拉可能是整个非洲和肯尼亚治安最好的地方。这里也是野生动物的乐土，野生动物很少主动攻击人类，所以，到了马赛马拉，也就意味着可以享有安全、自由和快乐！

这些年来扎根奥肯耶保护区，我与奥肯耶的马赛部落建立了非常融洽的关系。我在肯尼亚最好的朋友都是马赛人，我跟他们在一

星巴加入马赛部落

星巴与马赛巡逻员

星巴与巡逻队

在巡逻站与马赛巡逻员一起熬树皮汤

星巴在巡逻中

起生活，在一起工作，住过他们的原始围栏，也骑过他们的摩托车，跟他们一起踢足球、看英超转播、执行巡逻任务、救助野生动物，教他们说四川方言。跟他们在一起很简单也很快乐，不需要思考太多的人际关系问题。

每次回到肯尼亚，我只会在内罗毕待几天，处理一些只有在内罗毕可以办理的事情，然后就如释重负地返回马赛马拉，返回奥肯耶，进入完全野性的自然的环境，与马赛人为伴，与狮子为伍，过着野人般的生活。

不过最初的情况却有些戏剧性，2012年我刚来的时候，他们把我当成来研究野生动物的学者，认为我可能待几个月就会离开，然后写一篇论文，获得什么博士学位。这样的例子很多，欧美很多大学机构的学者、研究员都是走的这条路径，所以奥肯耶部落依据惯性思维那样看待我，我也能够理解。

真正的野保人当然不会只是一个过客。四年来，我每年都会在奥肯耶待几个月，除了野保项目工作外，也很享受与奥肯耶马赛人在一起生活和工作的时光，了解他们的需求，并帮助改善他们的生活，支持他们的社区教育。

解决野生动物生存危机的关键就是平衡人与自然的需求。只有把人的需求与生态环境和野生动物的需求结合起来，让当地社区从野保工作中持续受益，他们才有可能真正理解和参与野保工作，只有这样，野保事业才有成功的希望。

这些年来在非洲做现场野保工作最大的体会是，野保工作不仅仅是科学家或野保组织的事情，单纯重视研究工作，忽视政府作用，没有让社区持续受益，没有让社区成为野保事业的利益攸关方，是这种传统的野保模式最大的问题。

研究工作很重要，但研究工作并不是目的，我们的目的是如何确保野生动物能够拥有一个自由和安全的栖息地生存和生活下去。我们所有野保组织和科学家都是外来人，只有马赛人世世代代生活在这里，只有他们真正了解这里的一草一木，只有他们掌握着成功之门的钥匙。我们外来人应该发挥的作用就是帮助他们去找到成功之门，然后启动这把钥匙，让他们真正理解和感受到保护狮子和大象对改善他们生活的作用，体会到保护野生动物栖息地对于他们土地的涵养作用，他们也就自然而然会成为野生动物保护者。

我不再是一个过客，我已经正式加入马赛人奥肯耶部落，我的命运注定与这片土地相连——白颈山、奥拉尔莱姆尼河、猎豹平原、花豹岩……只有在这片土地上，我的心灵才能得到真正的平静，我的视野才能超越地平线；只有每天看见狮群，听到狮吼声，我才能切实感受到狮子王国的存在。

我一天的工作

5点30分　起床

6点　开车出发，带上早餐执行巡逻任务，途中欣赏壮美的日出

（巡逻线路主要有两条。[1] 北线：从营地出发，向北行驶，巡逻范围为从仙卡莱拉河到黑面狷羚平原的广大区域；[2] 南线：从营地出发，向南行驶，巡逻范围为从猎豹平原到黑面狷羚平原的广大区域。我通常择其一进行巡逻，以确保保护区不受盗猎者和非法放牧的侵扰，途中如果遇见狮子、花豹、猎豹、斑鬣狗等食肉动物，会停下来做研究记录。）

10点—12点　回到营地休整

13点　午餐

（有时候会自己做点川菜吃。餐后会在吊床上躺半小时，听听音乐或《三国演义》评书。）

16点30分　开车出发，执行每天第二次巡逻任务

（选择与早上不同的线路）

18点　开车到山头高点或开阔平原欣赏日落、晚霞

19点　回到营地，升起篝火，与科学家或马赛人聊天

（在篝火边上望着皓月星空，银河系清晰可见，偶尔会有流星划过，这是最适合思考人生的时候。）

20点30分　晚餐

（吃西餐，汤+主食+甜点，我最喜欢的是汤，西餐吃久了就想念中餐了。）

22点　睡觉

（很少做梦）

23点—第二天5点　这是听到狮吼声的最佳时段

我的巡逻车辆

四驱越野车是在奥肯耶保护区做野生动物研究和保护工作必不可少的交通工具。平时步行巡逻保护区，一天往返最多能走12公里，范围和速度都很有限，巡逻效果远远达不到预期，只能作为车辆不足时的一个补充。

最初我来奥肯耶保护区的时候，当时是使用保护区的路虎卫士（Land Rover Defender）或陆地巡洋舰（Land Cruiser）。开车的都是马赛巡逻员，他们对保护区的一草一木都很了解，特别是晚上，他们寻路的本事更是非常好。

我在奥肯耶保护区识别位置、方向和路径花了将近两个月的时间，几乎每个角落都要去做GPS的标示，同时还要不停地从各个角度拍照，以便自己能够尽快开车执行巡逻任务。

2012年6月，好友黄彦为和廖一百骑着摩托车从南非出发，历经艰险穿越了非洲七个国家来到肯尼亚，在奥肯耶保护区与我见面，并给我们捐赠了一辆四驱越野车马鲁蒂（Maruti）。这辆车很轻巧，如果陷在泥浆中，两三个人就可以把它推出来。我在奥肯耶曾经有两次陷入泥沼的经历。

此外，这辆车是汽油版的，排量不大，所以发动机引擎比较安静，很适合观察花豹（花豹对车辆引擎的声音很敏感）。就寻找和研究狮子来说，这辆车因为个头小，很容易钻进狮子喜欢休息和睡觉的灌木丛，狮子似乎对小型车比对大型车更友好一些。央视拍摄纪录片《星巴在东非坚守野保梦想》和《马赛马拉：母狮涅恩库美戴圈记》时，我就是开着这辆车在保护区执行工作任务的。不过，这辆车因为自重很轻且减震不好，无法应付到纳罗克和国家保护区那段很糟糕的搓衣板路。在保护区即使是开车，后排也几乎无法坐人，除非你能够忍受强烈的颠簸。

2013年9月，中国企业家梁耀生先生带领重庆野保义工团访问奥肯耶保护区，向马拉野保基金会捐赠了一辆陆地巡洋舰皮卡车。这种类型的车辆应该是非洲及肯尼亚最普遍的野外用车，在重量、动力、耗油、维修等方面达到了一个较好的平衡状态。自2014年2月起，我在奥肯耶的巡逻和研究任务就主要靠这辆车。相比马鲁蒂，开着这辆车寻找狮子要困难一些，它无法钻进比较浓密的灌木丛，与狮群在一起也要花不少时间才能够让它们慢慢适应。但大象对这辆大车的尊重远远超出了对那辆小车的尊重，以前驾驶马鲁蒂时经常被大象追逐驱赶，但自从开这辆大车之后，情况变得要好很多。

陆地巡洋舰皮卡车改装后可以装五个人和大量的设备，而且可以很方便地穿梭于内罗毕与马赛马拉之间，大大增加了我的活动范围。

野外驱车最大的优势是不会堵车，没有交警，没有红绿灯，很是自由随意，但我们必须遵守自然法则，自然法则高于一切，野生动物的通行权高于我们行驶的权利。比如，如果有动物穿越道路时，必须减速停车，让它们穿过之后才能继续前行；如果路边有动物在活动，也要减速通行，最高时速不得超过五十公里。

野外驱车虽然惬意，但有时候还是会遇到很大的风险，特别是迷路、掉入泥沼、陷入河沟、遭遇洪水、爆胎等情况时有发生，要顺利应付这些状况，需要注意以下一些重要的事项。

1. 每天出发前，要对车辆进行全面检查，如机油、水箱、轮胎、油量等。

2. 要配备备胎，爆胎或漏气时能够独自更换轮胎。

3. 要佩带腰刀，方便砍伐荆棘和防身之用。

4. 要配备头灯和手电，晚上修车时很有用处。

5. 尽量避免夜晚穿越沟河或泥泞的线路。

6. 要配备GPS，以便告知救援人员具体地理方位。

7. 要配备牵引钢缆，以便拖车使用。

8. 野外很多地方没有手机信号，车辆务必装备长距离无线对讲通话系统（至少三十公里）。

9. 要提前准备一至两天的矿泉水和干粮。

10. 遇到紧急情况，不要惊慌，尽量保持冷静并待在车内，不要离开车辆独自步行。

黄彦为捐赠的越野车

梁耀生捐赠的巡逻车辆

胡子手绘作品

我的演讲足迹

2012—2015年，我的演讲足迹（高校和博物馆篇）：

中国

北京：北京大学、中国人民大学、中国农业大学、中科院动物博物馆、北京自然博物馆

天津：南开大学

上海：复旦大学、上海海事大学

济南：山东大学、山东省博物馆、山东传媒学院

南京：南京大学、南京财经大学

杭州：浙江大学

深圳：深圳大学

广州：华南理工大学

成都：西南财经大学、西华大学

重庆：四川美术学院

英国

伦敦：牛津大学

美国

洛杉矶：加州大学洛杉矶分校、南加州大学

伯灵顿：佛蒙特大学

我的野保日记（摘选）

2012年6月9日　肯尼亚马赛马拉奥肯耶保护区

●摩托骑行穿越非洲●

2012年5月，黄彦为、廖一百和几个朋友，从南非开普敦骑摩托车北上，穿越七国，42天行驶了近一万公里，经过了沙漠、沼泽、草原、森林、戈壁等各种地形的考验，于6月初顺利抵达肯尼亚，来到奥肯耶保护区，参与和支持我们在现场的野保工作，执行巡逻、反盗猎、管理非法放牧等任务。黄彦为先生还现场向马拉野保基金会捐赠了一辆四驱越野车，这可是对我们很大的支持啊！

2012年6月26日　肯尼亚马赛马拉奥肯耶保护区

●中国艺术家环球野保行动●

由炎森机构组织的中国艺术家野保义工团访问奥肯耶保护区，其中包括张奇开、田野、罗发辉、赵能智、薛松、沈桦、康潺、傅榆翔、向国华等一批中国著名的当代艺术家。他们这次到肯尼亚来的主要使命是了解和感受野生动物生存的状况，体验和参与野保工作，回国后会通过艺术创作来帮助我们传递野保理念。

2013年2月26日　肯尼亚马赛马拉奥肯耶保护区

●梁子来了●

由于共同的非洲情结，梁子第二次到肯尼亚时便直接来到奥肯耶，在保护区参与野保工作，拍摄我当野人、做野保的工作和生活故事。她对非洲的热爱、她的爽朗性格、她对狮子的“一见钟情”、她对野保营地的眷念，使我们成为好朋友。欢迎梁子加入野保队伍！

2013年2月28日　肯尼亚马赛马拉奥肯耶保护区

●国内好友第一次捐赠摩托车●

张忠生、胡妈妈、北京姐夫、方菲等来自国内的好友访问奥肯耶保护区，同行的还有很多小朋友！我向他们介绍了奥肯耶保护区以及我们野保工作的情况，他们向马拉野保基金会捐赠了一辆越野摩托车。太好了！我们的巡逻员以前巡逻靠步行，以后工作效率就要高多了！

与人相比，野生动物更有灵性，它们更了解大自然的需求！

——星巴

捐赠摩托车

2013年8月4日　肯尼亚马赛马拉国家保护区

●巧遇朱伯特·德里克夫妇●

早上守在马拉河边的央视摄制组直播点上，突然听说下游离此不远的一个渡口有角马渡河的迹象，赶紧与一个摄制组出发，可是到了现场没有发现角马渡河的场景，等了一会儿，扫兴离开。不想回去途中竟然遇见朱伯特·德里克夫妇，我们常有联系，他们称得上是这个世界上拍摄花豹和狮子最棒的摄影师，常年在博茨瓦纳野外拍摄纪录片，其中《花豹之眼》《狮子与野牛》《狮子与大象》《狮子与斑鬣狗》都是经典之作。

人类自以为聪明，结果却走上了一条毁灭之路！

——星巴

巧遇朱伯特·德里克夫妇

2013年8月7日　肯尼亚马赛马拉奥肯耶保护区

●央视直播东非野生动物大迁徙●

下午，带着央视记者何莉和老姚驱车回到奥肯耶保护区，途中爆胎，换备胎之后前往最近的村庄修理。近5点45分才抵达奥肯耶

央视纪录片拍摄中

参与央视直播

保护区，回到两年来一直守护狮子的地方。奥肯耶狮群倒也仗义，第一时间现身欢迎我的央视朋友，狮王萨鲁尼带着一只母狮和三只幼崽都出来亮相了。晚上回到营地已经8点了，狮吼声此起彼伏，判断是从不到一公里远的地方传来的。

2013年9月15日　肯尼亚莱瓦保护区

●纪录片《野性的终结》●

早上10点15分，和姚明一起访问莱瓦保护区，去看望三头失去父母的小犀牛——一头14个月大，一头8个月大，一头只有3个月大。人类对犀牛角的需求导致了盗猎者对犀牛的疯狂屠杀，已经将犀牛推至灭绝的边缘。目前非洲犀牛数量已经不足16000头，再不保护，它们很快就会永远消失。请大家帮忙传递野保理念，不要购买犀牛角，你我可以携手帮助它们生存下来。

陪同姚明去看望小犀牛

2013年9月16日　肯尼亚奥尔帕吉塔保护区

●接受动物保护大使姚明的访问●

早上迎着日出接受姚明采访，讲述野保工作的挑战和意义。之后告别姚明和摄制组，赶往Nanyuki机场，准备返回马赛马拉奥肯耶保护区，与早已抵达的两路义工团会师，并出席马拉野生动物保护基金会奥肯耶防狮围栏启动仪式。

2013年10月15日　肯尼亚马赛马拉奥肯耶保护区

●给母狮涅恩库美佩戴GPS项圈行动●

5点　起床

5点30分　出发继续寻找母狮涅恩库美

5点45分　在5号观察点附近发现雄狮萨鲁尼和三只母狮，其中包括涅恩库美

6点13分　肯尼亚野生动物管理局兽医用麻醉针射中涅恩库美，

它跑了几步就在二十米远的地方趴下了

6点42分　母狮仍然没有完全昏迷，头还可以摇动，并抗拒兽医接近

6点45分　肯尼亚野生动物管理局兽医再发射了一支麻醉针

7点3分　麻醉针产生效果，兽医接近，拿出衣服盖在母狮头上，母狮没有丝毫反应

7点5分　兽医和团队成员开始行动——检查身体（眼睛、牙齿、脚掌、关节、肌肉、皮肤），佩戴项圈，抽血

7点20分　涅恩库美开始抽搐，感觉情况很不好

8点15分　兽医打了一针苏醒针，所有队员上车，等待母狮苏醒

8点37分　母狮终于苏醒，开始摆耳朵，然后摇头，把蒙在头上的衣服甩掉

8点42分　母狮站起，蹒跚而行，进而开始小跑。此刻大家长舒一口气，行动顺利结束

“以自然为本”是人类福祉的必由之路。

——星巴

给涅恩库美戴项圈

2013年12月16日　中国北京

●在北京大学演讲●

再次访问北京大学，这一次是到北大光华管理学院做演讲，主题是非洲与野生动物保护。演讲之前，我接受了腾讯公益的专访，之后在现场见到了很多老朋友。曹白隽、田野、徐平、刘赋、曹中华、孙保罗都来了，梁耀生、张宇还从重庆专程飞过来。肯尼亚驻华大使特别派代表到场问候。徐平在会场分享了央视纪录片《东非野生动物大迁徙》的故事。中学生志愿者刘莲涟讲述了她于2011年去肯尼亚的经历。曹中华分享了他今年8月带家人到奥肯耶参与野保工作的体会。刘赋谈到了她女儿从非洲回来之后的积极变化。

星巴走进北大

有时候跳出人类的视角去看待

这个世界可能更能够帮助这个世界。

——星巴

2014年2月11日　肯尼亚马赛马拉奥肯耶保护区

●绘尚美术访问奥肯耶●

由庞杏丽教授率领的绘尚美术机构志愿者代表团访问奥肯耶小

学，了解马赛族学生的学习情况，并捐赠绘画工具和文具。在现场，中国学生和马赛族学生共同作画。画中的马赛学生与中国学生在非洲大草原的金合欢树下握手，旁边有狮子和熊猫相伴，象征中国与肯尼亚的友谊，以及在野生动物保护领域的合作。

如果野生动物都不能生存下去，我们人类也没有未来。

——星巴

绘尚美术代表团访问奥肯耶小学

2014年2月24日　肯尼亚马赛马拉奥肯耶保护区

●奥肯耶保护区例行巡逻●

早上7点26分，沿着北部边界巡逻途中发现戴着GPS项圈的母狮涅恩库美和雄狮萨塔拉在一起幽会，方圆五公里内没有其他狮子。近五周以来，没有人看到过这只母狮，我们担心它是否安全，怕它走出保护区遭到马赛人的追杀。附：央视摄制组（黄铮铮和王楠）2013年10月在肯尼亚马赛马拉奥肯耶保护区拍摄的电视纪录片《马赛马拉：母狮涅恩库美戴圈记》已经播出。

2014年2月25日　肯尼亚马赛马拉奥肯耶保护区

●狮子与斑鬣狗●

昨晚11点10分左右，我在营地帐篷看书，突然听见不远处（不到二百米）一阵动物奔跑的响声，随后是急促的狮子怒吼声和斑鬣狗的哀号声。很明显，非洲草原上的两大掠食动物狮子和斑鬣狗之间又发生冲突了。

2014年5月25日　英国牛津大学

●星巴访问牛津大学●

自从到非洲做野保工作以来，已经很多年没有穿过的西装，这次却派上了用场。“牛津非洲论坛”集合了非洲国家各领域的代表以及各国非洲智库的专家一起研讨非洲在各个领域面临的机遇和挑战。环保是本次论坛的一个重要议题，我可能是唯一一个来自野保领域

星巴参加“牛津非洲论坛”

野保就是一场战争，野保人士也有很多敌人，如盗猎者、非法放牧者、野生动物贸易者，他们会想方设法对付我们。

——星巴

的代表，很高兴认识了一些环保领域的朋友们！我在论坛上演讲的主题是非洲野生动物保护的出路。

2014年5月27日　英国伦敦

与伊恩夫妇在伦敦会面

在伦敦自然历史博物馆附近与伊恩和奥莉娅会面，在肯尼亚的野保老友们意外在人类文明世界重逢自有一番惊喜。72岁的伊恩·道格拉斯·汉密尔顿是世界最知名的大象保护科学家，致力于研究和保护大象已经四十多年。2012年姚明和我就乘坐伊恩驾驶的飞机寻找到了被盗猎者杀害的大象的遗骸。2013年李冰冰访问肯尼亚时也见到了伊恩和他的大象朋友。向伊恩和奥莉娅致敬！

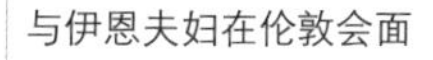

与伊恩夫妇在伦敦会面

星巴拜访奥莉娅

2014年7月17日　肯尼亚马赛马拉国家保护区

●访问马赛马拉国家保护区●

凌晨3点醒来就再也睡不着，想到今天要告别城市回到野外，心情似乎特别激动。早上6点20分出发，11点30分到达马赛马拉国家保护区，与老朋友、首席管理员詹姆斯·森迪约讨论下半年马拉野生动物保护基金会与国家保护区的野保合作计划，并向保护区赠送马拉野生动物保护基金会的公益海报（贴在保护区入口处），以及检修去年向保护区捐赠的两辆用于执行反盗猎巡逻任务的四驱越野车。

星巴与马赛马拉首席管理员商谈工作

2014年7月18日　肯尼亚马赛马拉契肯耶保护区

●救援大象行动●

保护区前几天有一头大象被盗猎者用长矛刺中腹部，我们紧急联系了肯尼亚野生动物管理局的兽医里姆团队。他们今天早上10点30分抵达保护区，从开会、追踪、定位、堵截、打麻醉针、治疗，到大象站起来走进丛林，整个救援医治过程持续了两个半小时，很顺利，其中最困难的工作是如何把受伤的大象和其他大象分开。近年来，为了获取象牙而对大象展开的屠杀已经将这个物种推到濒临灭绝的边缘。不要购买象牙，你也可以帮助拯救大象。

救援受伤的大象

2014年8月12日　肯尼亚马赛马拉奥肯耶保护区

●北大光华义工团访问奥肯耶●

北大光华管理学院EMBA 85678班的同学代表团和家人向马拉野生动物保护基金会捐赠了人民币三万三千元以及价值人民币一万元的一批手持GPS、手电筒和文具。感谢马拉野保基金会理事曹中华先生与北大光华管理学院孙老师牵头组织这次活动，带野保义工团到肯尼亚来参与和支持我们现场的野保项目。

北大光华野保义工团

2014年8月19日　肯尼亚首都内罗毕

马拉野生动物保护基金会成为肯尼亚政府正式合作伙伴

今早偕马拉野保基金会内罗毕协调员阿伊莎和肯尼迪访问肯尼亚野生动物管理局总部，与基普罗诺局长会面，并正式签署合作协议。双方同意建立联合项目组，在自然栖息地保护狮子等大型猫科动物，就研究和保护、反盗猎行动和野保教育等多个领域加强国际合作。肯尼亚野生动物管理局副局长奥蒙迪和法律事务部主任出席了签字仪式。新华社记者在现场见证了签字过程。

与肯尼亚野生动物管理局签署合作协议

我们不能失去野生动物，正如同我们不能失去空气一样！

——星巴

2014年8月29日 肯尼亚科拉保护区

●星巴访问科拉●

因为喜欢乔治·亚当森的缘故，我一直都想去科拉，去体验这位“狮之父”生活和工作的环境。8月初，我收到托尼·菲茨约翰的邮件，他邀请我去科拉出席第十四届乔治·亚当森纪念仪式。科拉，我来了！

我叫上肯尼亚野生动物管理局的多米尼克博士一起驱车七小时，抵达科拉，与来自全球各地的野保组织和野保人士共同缅怀乔治·亚当森和乔伊·亚当森于20世纪60年代成功野化狮子的传奇经历。好莱坞电影《生而自由》《与狮同行》（*To Walk With Lions*）就是改编自乔治夫妇和他的助手托尼·菲茨约翰在科拉的故事。托尼是我的良师益友，在最初来肯尼亚做野保工作最困难的时期，他曾为我点亮明灯，帮助照亮前方荆棘丛生之路。他所著的《生而狂野》，回忆了他的传奇经历，已被翻译成中文出版。

> 拯救野生动物的关键是保护它们的自然栖息地。
>
> ——星巴

向乔治·亚当森致敬

2014年11月10日 美国洛杉矶

●与托尼·菲茨约翰在洛杉矶会师●

又见传奇！人生的精彩就在于各种机缘巧合和偶然！2014年11月4日，我和干儿子汐汐在一起看好莱坞经典电影《与狮同行》，影片讲述的是20世纪80年代托尼·菲茨约翰协助乔治·亚当森野化狮子的传奇故事。看完之后我心潮澎湃，就给托尼发了一封邮件问他在哪里。我们上次见面是在肯尼亚的科拉保护区，他邀请我出席乔治·亚当森纪念仪式。没承想几分钟之后就收到他的回复："我也在洛杉矶！"于是，今天下午，我在刘赋先生和汐汐小朋友的陪同下，出席了托尼在洛杉矶的筹款晚会，并共进晚餐，商量在《洛杉矶时报》联合撰文发表野保呼吁书之事。

星巴与托尼·菲茨约翰

野生动物很少主动攻击人类，除非它们首先被人类骚扰和攻击。

——星巴

2014年11月19日　美国佛蒙特大学

●星巴在佛蒙特大学讲课●

今早访问佛蒙特大学，在环境学院上了一堂题为“野保与环境”的公开课，讲述保护非洲野生动物对于全球生态环境的影响，强调建立有效的跨国合作机制是解决全球生态环境和野生动物保护的关键所在。讲课前，我还与环境学院院长商讨马拉野生动物保护基金会与佛蒙特大学可以开展合作的领域。

只有在野外之地，我们才能从篝火中看到人生的方向。

——星巴

星巴在佛蒙特大学讲课

2015年3月10日　肯尼亚马赛马拉奥肯耶保护区

●越野车捐赠仪式●

早上巡逻过程中，我发现奥肯耶狮群中一只母狮突袭长颈鹿未能成功，雄狮萨鲁尼与两只母狮碰头。下午5点，我们在猎豹平原举办了一场隆重的捐赠仪式，由马拉野生动物保护基金会向奥肯耶保护区捐赠一辆四驱越野车，以进一步支持保护区的反盗猎巡逻工作。波里尼马拉酒店的总经理杰克森主持了捐赠仪式，在20位奥肯耶部落巡逻员和向导的见证下，我和保护区首席管理员西蒙先后发言，随后向西蒙转交了越野车的钥匙。奥肯耶部落还现场表演了钻木取火、篝火仪式以及传统舞蹈为捐赠仪式助兴。新华社记者在马赛马拉现场见证了捐赠仪式。

2015年7月19日 肯尼亚马赛马拉奥肯耶保护区

●狮子守护者项目●

早上9点，在野保营地，我代表马拉野生动物保护基金会为"狮子守护者"项目组12位成员颁发荣誉证书，以表彰他们为奥肯耶保护区野保工作所做的贡献。颁发证书之前，12位成员分成两组，以团队协作的方式图文并茂地报告了自己在奥肯耶的感受、体会和下一步的野保宣传行动方案。

随后，家长代表也先后发言，为野保工作建言献策。马拉野生动物保护基金会理事、天使和坚果派创始人黄洲以及"狮子守护者"项目组课程老师李艳语做了现场点评。我在最后做总结发言，分析

表演钻木取火

马赛族传统舞蹈

了野保的意义和对孩子们未来的期望。

最后，所有成员向马拉野生动物保护基金会捐赠了20支手电筒、20个头灯、8个望远镜以及户外腰包、户外水杯、摄影脚架、充电插座等物资，用于支持保护区管理员和巡逻员的现场野保工作。

2015年7月20日　肯尼亚马赛马拉奥肯耶保护区

人兽冲突

早上约7点25分，我在例行巡逻中，首席管理员西蒙打电话给我，要我马上赶往离北部野保巡逻站最近的人家，有只狮子在凌晨时分袭击了这家人的牛群。十分钟后我赶到现场，与西蒙以及巡逻队员会合，进入一户马赛人家的简易围栏，发现一头牛（白色）已死，另一头牛（黄色）脖子被咬伤，没有大碍。我们详细询问了这户人家，了解到是一只雄狮在凌晨两点跳进围栏袭击了牛群，造成一死一伤。他们驱离了狮子，守在旁边，直到天亮联系到我们。

由于人口膨胀，野生动物栖息地大多被占据、分割，人兽冲突

与其说人类害怕狮子，不如说狮子更害怕人类。

——星巴

小小狮子守护者

日益加剧。当狮子袭击牛群后，按照马赛人以前的传统，他们会报复狮子（通常使用毒药），这是造成狮子数量下降很快的主要原因之一。但奥肯耶社区保护区建立后，马赛部落意识到保护狮子和野生动物可以在经济上持续受益，所以他们对狮子有了更大的宽容和忍耐，但如果狮子持续造成伤害和损失，他们也会失去耐心。解决人狮冲突最有效的方式，就是修建防狮围栏。期待马拉野生动物保护基金会的理事、义工和志愿者帮忙筹集资金，帮助奥肯耶部落修建更多的防狮围栏，形成长期解决方案，为子孙后代保护好这片野生动物最后的净土。在此要特别感谢黑龙江企业家张忠生先生，他是最早捐资给马拉野生动物保护基金会修建防狮围栏的中国同胞。

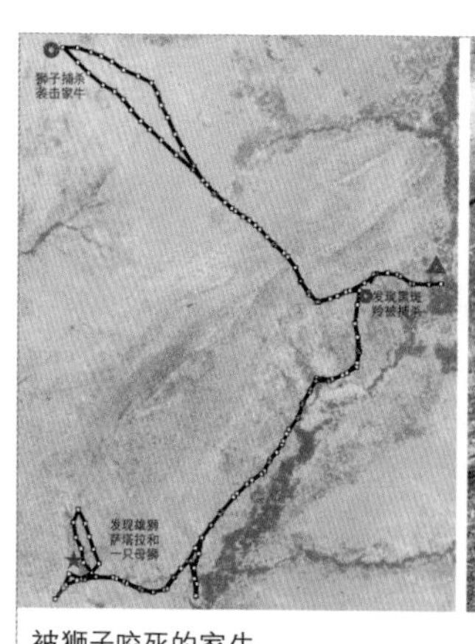

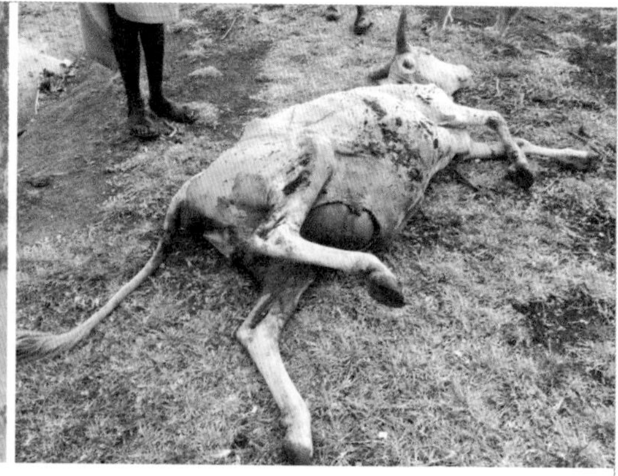

被狮子咬死的家牛

2015年7月21日　肯尼亚马赛马拉奥肯耶保护区

●流浪狮入侵●

下午例行巡逻中，我在南部平原发现了三只流浪雄狮，去年见过一次，那时它们还是未成年雄狮，现在已经长大了，约五六岁，体格健硕，神态威猛，已具王者风范。它们三兄弟入侵奥肯耶保护区，奥肯耶狮群将会如何应对？王朝更替是否即将来临？

发现流浪狮入侵

2015年8月2日　肯尼亚马赛马拉奥肯耶保护区

●在奥肯耶小学开设兴趣班●

2015年7月27日至8月1日，马拉野生动物保护基金会理事刘赋率团一行六人访问奥肯耶保护区，团员中有我最早的志愿者刘莲涟（15岁）和我在洛杉矶演讲活动的特别助理刘桐汐（9岁）。

他们此行的目的是帮助奥肯耶小学开设兴趣课程——绘画、音乐、摄影和野保。通过讲课、知识竞赛和游戏等环节与老师、学生互动，他们受到了当地马赛社区的热烈欢迎。孩子们（从学前班到八年级）非常喜欢这些课程，奥肯耶部族酋长、长老、学校校董会全体成员、校长、老师、家长代表在最后的仪式上纷纷要求发言，感谢马拉野生动物保护基金会与栖息地守望者基金会发起这个野保教育项目，并向每位成员赠送马赛族传统挂饰。代表团还通过马拉野生动物保护基金会向奥肯耶小学捐赠了一台笔记本电脑、两部相机、50支乐器和大量文具，并资助奥肯耶小学新聘任一位教师，以缓解教师不足的压力。

2015年8月10日　肯尼亚内罗毕

●中国编剧团捐赠野保物资●

8月10日是世界狮子保护日。马拉野生动物保护基金会与东非野保协会在位于内罗毕的总部联合举办了中国—肯尼亚野保物资（越野摩托车）捐赠仪式，用以支持肯尼亚政府和马赛马拉七个野生动物保护区的反盗猎巡逻工作。仪式上，东非野保协会执行董事麦克、马拉野生动物保护基金会创始人星巴、肯尼亚环保部部长朱迪教授、肯尼亚野生动物管理局基普罗诺局长先后致辞，感谢来自中国民间的捐赠，并欢迎以赵冬苓女士为团长的中国编剧代表团访问肯尼亚。

此次购买14辆越野摩托车的善款是由著名编剧刘毅和赵冬苓牵

头发起的，捐赠者为访问团团员以及其他热心的朋友，他们是刘毅、赵冬苓、王力扶、周娟、吴波、谭嘉言、陈彤、任宝茹、高璇、邵晓黎、胡蓉蓉、翟小乐、闫刚、王雪静、谭岚、刘肖红。

赵冬苓偕编剧团来访

编剧团与巡逻员合影

非洲是人类起源地，也是地球上大型野生动物可以自由生存的最后伊甸园，保护这里的野生动物对于保护全球生态环境有重要意义。保护它们，也就是保护我们人类的未来。

此次捐赠活动将有效提高中国人的国际形象，同时也向全世界传递出中国人积极参与全球野保公益事业的信号。

2015年8月19日　肯尼亚马赛马拉奥肯耶保护区

●狮王归来●

早上巡逻时，我在恩塔莱特山、伊坡蓬溪流和猎豹平原的交界处发现雄狮赛托提在晨曦中漫步，身形依然雄壮威武。它终于回来了！我们已经有三周时间没有见到奥肯耶狮王了，很为它担心，猜测它可能被外来雄狮打败并逃亡了，所以这段时间几只母狮带着幼狮四处躲藏，活动线路不同寻常。

狮王赛托提回来了

2015年8月21日　肯尼亚马赛马拉国家保护区

●访问马赛马拉国家保护区●

今天早上偕马拉野生动物保护基金会理事和义工团一行22人访问肯尼亚马赛马拉国家保护区总部，受到了首席管理员摩西先生及三十多位官员和巡逻员的热烈欢迎。在仪式上，摩西先生向代表团引见了各级官员，介绍了马赛马拉国家保护区的基本情况以及面临的挑战，并感谢马拉野生动物保护基金会多年来的支持。我代表马拉野生动物保护基金会介绍了代表团的每位成员，祝贺摩西团队在保护区的管理和巡逻工作取得出色成果，承诺下一步将加大对国家保护区的支持。中国著名时装设计师梁明玉女士代表理事和义工团讲话。应肯方的要求，深圳大学音乐教师刘赛一女士带领全体团员现场清唱了中国传统歌曲《茉莉花》，把欢迎仪式推向高潮！

星巴偕团队访问马赛马拉国家保护区

2015年8月22日 肯尼亚马赛马拉奥肯耶保护区

中国野保人士加入非洲原始部落

上午11点，马赛马拉奥肯耶部落举行了一次盛大的仪式，接纳我成为他们的荣誉成员。所有部落酋长、长老，保护区的代表，奥肯耶小学的董事成员、老师代表、家长代表、学生代表约160人以及来自中国的观礼团和义工团21人出席了仪式。对我来说，这是一个历史性的时刻。马赛族是世界上勇敢、善良、诚实的民族，我的野保之路开始于马赛马拉，我最好的朋友都是马赛人。我与奥肯耶部落在一起生活工作已有四年，加入奥肯耶部落是我长期以来的心愿。

举行马赛人传统仪式是加入的必需程序。杰克森担任主持人，他总是很专业。首席管理员西蒙和社区管理员塞米先后致辞表示祝贺，他们是我的野保同行，我们在一起工作很默契。

很荣幸我在42岁的时候正式加入了马赛马拉奥肯耶部落，成为马赛族唯一的中国人。在仪式现场，我感觉好像得到了重生。我更加坚定这样的野保理念，即野生动物保护的关键在于能使当地社区持续受益。

在仪式上他们给了我太多的惊喜，我不仅获颁奥肯耶部落的荣誉证书，还成了奥肯耶学校校董会荣誉成员。内心充盈着感动，我在演讲中强调："我不再是一个过客，我是你们的一员，我因狮子而来，因你们而留下，我会继续帮助改善奥肯耶部落的生活和教育条件，让野生动物保护惠及更多的人。"

在仪式上，我代表马拉野生动物保护基金会向奥肯耶保护区捐赠了两辆越野摩托车，向奥肯耶学校捐赠了一批电脑和文具，向奥肯耶部落代表赠送了中国礼品。

很高兴能够在我加入奥肯耶部落的仪式上为梁明玉、李军、罗晓梅、钟云松、孟莉五位好友颁发马拉野生动物保护基金会荣誉理事的证书，为其他义工颁发野保志愿者证书。

奥肯耶小学的学生舞蹈队现场表演了马赛族传统舞蹈，让大家体验到马赛人在音乐和舞蹈上的天赋。

央视摄制组在现场见证了仪式的全部过程。

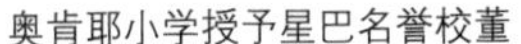

奥肯耶小学授予星巴名誉校董

颁发野保义工证书

2015年8月25日　肯尼亚马赛马拉奥肯耶保护区

●牧民的损失●

昨晚8点，奥肯耶狮群的狮子吃了当地村民帕特里克的两头牛，抓伤了两头牛。我们连夜赶赴事发现场进行查验，安抚牧民的情绪，承诺以后会帮助筹款建立更多的防狮围栏来解决人狮冲突。保护区建立后，帕特里克有两项收入：一是保护区支付的租地费用；二是他在灌木丛酒店工作的工资收入。这两笔收入比他以前单纯放牧要高很多，所以他们现在很在乎包括狮子在内的野生动物的安危，不会像以前那样仇视和随意杀死狮子。这就是社区保护区的优势所在，它能够把社区的利益与野保的利益结合起来，让社区成为野保事业的直接受益者。

2015年8月28日　肯尼亚首都内罗毕

与肯尼亚政府建立联合项目组

今天带着团队访问肯尼亚野生动物管理局，与帕特里克副局长以及负责大型猫科动物、国家公园管理、野生动物基因实验室的官员们在一起开会，商讨建立联合项目组，负责执行2014年马拉野生动物保护基金会与肯尼亚政府签署的合作协议，重点在反盗猎巡逻、大型猫科动物研究保护、濒危动物基因库保存实验室、野保教育和宣传等项目方面展开合作。自2011年以来，马拉野生动物保护基金会借助来自中国的支持，陆续向肯尼亚政府捐赠了包括汽车、摩托车、GPS、相机、手电筒在内的几批野保物资，有效地支持了肯尼亚的反盗猎行动，现已成为肯尼亚政府的主要合作伙伴。

2015年9月10日　中国北京

星巴出席《中国野生动物保护法》专家会议

刚从非洲回来，我就赶到北京出席《中国野生动物保护法》修改意见专家座谈会，陈述了自己的看法和建议，希望能够把非洲野保项目的经验贡献于中国的野保事业。此次会议在国务院发展研究中心资源与环境政策研究所召开。来自全国人大环资委、国务院发展研究中心、中国人民大学、中国政法大学、北京师范大学、北京林业大学、西北政法大学、中南林业科技大学、首都经贸大学的法学专家，以及海南师范大学、有关野保组织的野保专家参加了会议。会议由全国人大环资委法案室副主任王凤春与国务院发展研究中心资源与环境政策所副所长常纪文共同主持，由“它基金”协办。

我的野保箴言

⊙ 如果你不怕人，就更不用怕狮子！

⊙ 你想要怎样的人生？是随波逐流，还是听从内心的召唤，做自己感兴趣而对社会有意义的事情？

⊙ 狮子和人类最大的区别是，狮子知道适可而止，吃饱了，就不会再捕猎；人吃饱了还不满足，还会想到下一顿。

⊙ 与野生动物相处，务必保持安全距离，这不在于你自己感觉是否安全，而在于野生动物感觉是否安全。

⊙ 很多关于野生动物的认识都来自道听途说或艺术创作。

⊙ 科学研究固然重要，但不能够解决野生动物保护的根本问题。

⊙ 野生动物保护能否成功的关键在于能否让当地社区受益。

⊙ 我喜欢狮子，我想每天都能看到狮子，为了不让它们灭绝，所以我去了非洲。

⊙ 多数孩子都喜欢动物，这是因为他们更多遵循着自然属性；多数成人都不太喜欢动物，这是因为他们更多遵循着社会属性。

⊙ 其实孩子的心性与野生动物很像：他们喜欢你，就接近你；不喜欢你，就躲着你。

⊙ 青少年是野保最大的希望所在！

⊙ 野保工作无国籍、种族、宗教之分，它不是白人的专属工作，只要有心去行动，华人也可以做好野保工作。

⊙ 华人在国际社会要得到尊重，不在于读了什么名校，做了多大的生意，赚了多少钱，而在于为这个世界做了多少贡献！

⊙ 野保关系到所有人的切身利益，我不期待所有人都能够理解和支持，志同道合的朋友能够一起行动就知足了。

⊙ 是否真心支持野保，不在于说什么，而在于做什么。

⊙ 如果很在意别人的评价，我们就会一事无成，野保工作也不例外。

⊙ 就野保这种跟时间赛跑的工作而言，现在我们要讨论的不是要不要做，而是怎么做的问题。

⊙ 有意义但很困难的事情，总要有人去做，如果大家都等待别人去做，就永远做不起来。

⊙ 很多人只关心身边的事情，不关心世界的问题，但没有大家，何来小家？

⊙ 我们人类应该虚心向野生动物学习，它们不会破坏自己生活的环境。

⊙ 狮子、老虎和狼并不会主动伤害人类，人所面对的主要危险其实来源于人类社会。

⊙ 植树造林是好事，但恢复从植物到大型食肉动物之间的食物链才是实现大自然生态平衡的关键。

⊙ 人口激增是非洲野生动物面临的最大威胁！

⊙ 在野保领域，我们是地球公民。

⊙ 在野保组织之间，妒忌和排他危害很大，分享和合作才会增加野保成功的希望。

⊙ 环保无国界，公益也没有国界。

⊙ 真正的爱国主义不是坐井观天自吹自擂，而是让祖国在世界上更受尊敬。

⊙ 对于野保工作，即使是漏洞百出的行动，也比华丽空洞的评论更值得鼓励。

⊙ 大自然是最好的学校！

⊙ 与其留给后代财产，不如留下良好的环境！

⊙ 扶危济困只能解决个体的问题，保护环境可以解决大家的问题！没有适宜的生态环境，无论是富人还是穷人都无法生存下去。

⊙ 野保和环保是最大的公益行动！

⊙ 在野外与猛兽为伍的生活，其实更自然、更简单、更快乐！

⊙ 从非洲野外回到城市，感觉就像穿越了时空，从远古来到了现代。

⊙ 在非洲野外生活，并不需要太多物质条件，却可以获得心灵的愉悦。

⊙ 人存在于世的目的是什么？活着的意义是什么？我们能够为这个世界贡献什么？每个人都应该思考这些问题。

⊙ 更好的教育应该是培养孩子成为爱生活、有公德、懂礼节、有担当、有全球意识、有公益和环保理念的地球公民！

⊙ 非洲野外的生活，其实并不枯燥，与野生动物为伴，每天都有惊喜，每天都有收获！

⊙ 每个人童年都有美丽的梦想，但又有几个人能够坚持去实现？

⊙ 如果不能做我自己感兴趣的事情，如果不能去实现我儿时的梦想，我其实就是一具行尸走肉——每天吃饭穿衣、上班下班，然后慢慢变老，我不想要这样的生活！

⊙ 要实现梦想，说来容易，其实很难，最大的障碍还是自己内心的怯弱。

⊙ 越来越多的人喜欢旅行和拍照，如果仅仅是为了满足个人喜好，没有什么意义；如果能够对当地自然和生态环境的保护有所帮助，就有意义了！

⊙ 第一次看到狮子，我就不想离开，我想，我前世可能就是狮子。

姚明与纪录片《野性的终结》

姚明于2012年和2013年先后两次来到肯尼亚，目的很明确——拍摄纪录片《野性的终结》，呼吁大家保护大象和犀牛。

野生救援组织（Wild Aid）能邀请到姚明到非洲来关注大象和犀牛的命运，我们要感谢奈彼得（Peter Knights）先生。记得2011年，我回国在北京做演讲时，他也在北京，我们还在一起开会，当时我表示希望野生救援组织能够帮忙组织和邀请中国超级明星到非洲参与和支持保护野生动物的行动，以影响和鼓励更多中国公众抵制购买和消费象牙、犀牛角。他并没有承诺什么，只是详细地问了一些关于非洲野生动物保护的问题。

一年之后，他真的把姚明请来了！

两次来非洲，姚明待的时间都不长，但是活动都安排得非常紧凑，几乎没有什么休息的时间。他巨人般的高度让我们每次行动都不是那么简单，我们一起坐在直升机和小飞机上追踪盗猎者，空间很小，他必须忍受几十分钟的煎熬，却没有任何抱怨，也没有表现出畏难的情绪。我们几乎每天晚上都会在篝火边上享受暂时的平静，当然也会有很多机会在一起聊天。在非洲浩瀚的星空下，聊天可是一件惬意的事情，不过我从来没有主动跟他聊篮球，不知道他是否

星巴与姚明一起追踪猎豹

姚明与小犀牛

伊恩的飞机

感到有点意外。我确实不太喜欢篮球，足球是我的第一运动，不过这却丝毫不妨碍我对姚明的尊重和喜欢，因为他真心喜欢非洲，真心喜欢大自然，真心过来帮忙，他的确是一个有全球意识、善于独立思考、热衷野保公益的超级巨星。

我们一起去了大象孤儿院、奥尔帕吉塔保护区、莱瓦保护区和桑布鲁保护区，关注重点当然是大象和犀牛，但有时候摄影师还是忍不住把镜头对准狮子、猎豹和非洲野狗。姚明也很好奇，问了我很多相关的问题，看来猛兽天生就会对人类形成一种非凡的吸引力。

姚明来非洲也吸引了非洲一种动物的特别关注。这种动物本来天生就对人类很好奇，当它们看到两米多高的小巨人就更加关注了。记得我们一起去莱瓦保护区探望两只父母被盗猎者杀害的犀牛幼崽，当时姚明需要跟着幼崽一起散步，突然遇见一只长颈鹿，它当时正目不转睛地盯着姚明，完全无视其他人的存在。不仅如此，当姚明移动时，它还跟着移动，这真是一次不同凡响的偶遇。

在奥尔帕吉塔，我第一次见到伊恩·道格拉斯·汉密尔顿，他已经七十多岁了，毕生致力于大象研究，是“拯救大象组织”的创始人。他从桑布鲁开飞机过来接我们，我跟他住在同一个帐篷里，他好像整晚都在咳嗽。早上醒来，我们一同出门，发现平时云雾缭绕的肯尼亚山已经清晰可见。不远处就是一个停机坪，他给我引荐了他最心爱的飞机，正是这架飞机让伊恩有机会在天空自由翱翔，跟踪和研究大象的活动，它成为伊恩传奇野保故事的见证者。伊恩是一位很和蔼可亲的长者，做事耐心而稳重，专注于大象的研究工作，对其他事情基本没有兴趣。相比之下，他的夫人奥莉娅却是一个风风火火、快人快语、优雅风趣的人，夫妇两人在性格上形成了完美的互补。他们对中国很友好，曾经到过西双版纳寻找亚洲象，他们反对片面指责中国，主张鼓励中国融入野保大家庭。显然，他们和我的观点是一致的，我们现在已经成为经常来往的挚友。2014年我去英国牛津大学演讲，在伦敦也见到了伊恩夫妇，那是一次不期而遇，他们伦敦家里的风格和内罗毕的家几乎一模一样。

2011年时纪录片《野性的终结》的导演是美国人埃里克·斯特豪塞（Eric Steinhauser）。他可是一个工作狂，对细节非常讲究，常常是一个片段要反复来上几次才满意。不过他对我的专访却是一个例外，一次过关，连剧组成员都没有想到，我当然就更惊奇了。埃里克是一个职业导演，但他没有把那次拍摄仅仅当作一次任务或工作，他很有创造力，骨子里是有非洲情结的，他真心喜欢野生动物，希望能够拍好片子，让更多人知道并关注大象和犀牛的生存危机。

2012年时纪录片《野性的终结》的导演是罗伊·麦克基尼斯（Rory McGuinness），他来自澳大利亚，应该在六十岁左右。他是美国国家地理频道、探索频道和英国BBC频道众多野生动物纪录片的导演，一生获奖无数。他最好的搭档是妻子玛丽·克拉克，他们两人真是天作之合，不仅情投意合，而且最可贵的是在事业上也是兴趣相投、志同道合，这显然是可遇而不可求的。遇见一个自己喜欢的人或跟自己兴趣相投的人已是幸运，能够同时满足两个条件的当属更为难得——罗伊和玛丽的确是两者兼得。罗伊看上去少言寡语，但如果聊到他真正感兴趣的话题，你会发现他好像变了一个人。他擅长运用不同角度拍摄同一场景，既是导演又是摄影师的角色让他更能够自由表达他本初的意思。

纪录片《野性的终结》的基本线索是中国超级巨星姚明来非洲目睹了大象与犀牛被盗猎者杀害而数量锐减的事实，了解到全球对象牙和犀牛角的市场需求是触发盗猎的主要原因，还见到在非洲现场做野保工作的中国人星巴，两个中国人一起呼吁公众不要购买和消费象牙以及犀牛角，希望鼓励更多中国人关注和支持野保事业。

《野性的终结》也是一个国际合作的典范，来自不同国家的导演、摄影师、剧组成员在非洲大地上与来自不同国家的野保人士为了共同的目标一起努力，将自己的情感和心血注入这部纪录片。通过讲述姚明在非洲的经历与感受，纪录片向世界展示了一个原始野性、美丽自然的非洲，揭示了大象和犀牛等野生动物面临的生存危机。

反映野生动物生活习性的纪录片有很多，其中不乏经典之作，但反映野生动物生存危机的纪录片却不多。我们现在更需要这样的片子来警醒公众，把他们对野生动物的喜爱投入到有效的保护工作之中。

《野性的终结》中文版已于2014年8月在中央电视台正式播出，英文版也于当年11月在美国和其他国家同步播出。

感谢姚明和所有为这部纪录片做出贡献的朋友们！

附录

我生活在梦想中，把梦想变成了现实的生活，我这辈子没有白白到世间走一回。

——星巴

张奇开捐赠的油画作品

马拉野生动物保护基金会简介

2011年9月，民间野保人士星巴在肯尼亚注册成立了马拉野生动物保护基金会，这是第一个由中国人在非洲注册的民间公益组织。马拉野生动物保护基金会因创建地“马赛马拉”而得名，总部设在肯尼亚内罗毕，野保营地设在马赛马拉奥肯耶保护区。

我们的使命

通过促进国际合作来保护和恢复野生动物的自然栖息地，拯救濒危物种，促进生物多样性，创造人类与自然和谐相处的美好未来。

我们的工作

一、保护野生动物栖息地

1．反盗猎行动

2．减少非法放牧

3．动物救援

二、研究和保护旗舰动物——狮子

1．研究狮子与人类的关系

具体包括狮子与当地人的关系、与保护区的关系、与科学家的关系。

2．减少人狮冲突

通过为当地社区修建防狮围栏来缓和人狮冲突。

三、野保教育项目

1．支持马赛马拉社区教育

通过支持社区教育来促进保护区与社区的关系，帮助社区提高环保和野保意识。

2．志愿者及义工项目

通过访问肯尼亚接受野生动物知识和野外生存技能的培训，了解并亲身参与野生动物保护工作及科学研究工作；在国内义务宣传马拉野生动物保护基金会的理念，支持和参与马拉野生动物保护基金会组织的活动。

3．野保理念的宣传和推广

主要包括：

星巴的巡回演讲（博物馆、大学、中小学以及各种形式的论坛、研讨会）；

到过现场的义工和志愿者回国后的演讲、展览和其他野保宣传活动；

与相关机构合作的野保宣传活动。

我们的合作伙伴

与我们开展合作的机构有肯尼亚野生动物管理局、肯尼亚纳罗克州政府、肯尼亚马赛马拉国家保护区、肯尼亚奥肯耶保护区、东非野保协会、拯救大象组织等。

我们的办公室

EALWS, Riara Road, Kilimani, P. O. Box 20110–00200 Nairobi, Kenya

我们的现场项目

我们的野保现场项目位于马赛马拉奥肯耶保护区，距内罗毕260公里，开车五小时，乘飞机45分钟（目的地：Olseki机场）。

马赛马拉奥肯耶保护区

奥肯耶保护区面积为73平方公里，属于马赛族奥肯耶部落，建于2005年，是非洲最早建立的由社区自主管理的野生动物保护区之一，也是马赛马拉地区植被最好、野生动物密度最大的保护区。

我们对肯尼亚的捐赠和支持

1. 向肯尼亚野生动物保护局捐赠一辆四驱越野车、五辆摩托车、20台相机、20台GPS、20个望远镜、50支手电筒，用于反盗猎行动。

2. 向肯尼亚马赛马拉保护区捐赠两辆四驱越野车、20台相机、20台GPS、20个望远镜、50支手电筒，用于日常巡逻和守护珍稀野生动物。

3．向肯尼亚旅游部捐赠一辆四驱越野车，用于生态旅行和野生动物保护理念的推广。

4．向肯尼亚奥肯耶保护区捐赠一辆越野车、三辆摩托车、五台手持对讲机、30支手电筒、10个望远镜、10台相机，用于反盗猎巡逻工作。

5．为肯尼亚马赛族奥肯耶部落修建了三处防狮围栏，以减少人兽冲突。

6．为奥肯耶小学修缮校舍、解决储水问题、聘用新的老师，开设野保、音乐、绘画和摄影等兴趣课程，并捐赠手提电脑三部和一批乐器及大量文具。

7．向肯尼亚10个社区保护区捐赠12辆摩托车以及野外帐篷等物资。

马拉野生动物保护基金会大事记

2011年9月2日

肯尼亚政府批准马拉野生动物保护基金会成立。

2011年9月24日

创始人星巴在华南理工大学做了关于非洲野保主题的演讲，开启了高校演讲之旅。

2011年11月22日

肯尼亚纳罗克州政府授予星巴“马拉之友”荣誉证书，以表彰他为马赛马拉地区野生动物保护工作所做的卓越贡献。

2012年2月

星巴访问昆明，为云南卫视“自然密码”栏目现场录制《与狮同行》纪录片。

2012年6月12日

中央电视台第四套节目（CCTV-4）“华人世界”播出讲述星巴

野保故事的电视纪录片《来到人间的雄狮》。

2012年5–6月

黄彦为、廖一百驾驶摩托车从南非出发，穿越非洲七国，行驶一万公里，抵达肯尼亚，在马赛马拉与星巴会师。黄彦为向马拉野保基金会捐赠一辆四驱越野车。

2012年7–8月

星巴受邀担任中央电视台2013年“东非野生动物大迁徙”直播节目的现场直播嘉宾，为这个史无前例的以直播方式展现地球上规模最大的野生动物大迁徙的节目注入了更多野生动物保护的理念。

2012年8月

姚明访问肯尼亚，与星巴及各国野保人士一起拍摄电视纪录片《野性的终结》。

2012年9–10月

非洲野保主题艺术展“自然的态度”先后在重庆、北京和上海成功举办。

2013年1月29日

星巴在内罗毕录制BBC WORLD SERVICE的专访节目，强调鼓励中国人参与非洲野保事业的重要性。

2013年2月15日

著名摄影师和制片人梁子访问奥肯耶保护区，拍摄星巴的野保工作，并受邀担任马拉野保基金会的荣誉理事。

2013年3月

由中国环保电视台和谷润网联合拍摄的纪录片《狮子兄弟的召唤》正式上映，讲述了星巴去非洲做野保工作的心路历程。

2013年3月

中国驻肯尼亚大使刘光源撰文谈中国支持野保反对盗猎，赞扬民间人士星巴在肯尼亚的野保工作。

2013年3月11日

马拉野保基金会与拯救大象组织签署合作协议。拯救大象组织是世界上最知名的研究和保护大象的野保组织，创始人是非洲传奇野保人物伊恩·道格拉斯·汉密尔顿博士。

2013年4月6日

星巴在北京自然博物馆做了一场非洲野保主题演讲。

2013年5月10日

星巴在北京拜访了肯尼亚新任驻华大使麦克，商讨需要大使馆参与支持的野保公益项目。

2013年6月29日

星巴与托尼·菲茨约翰在内罗毕会面，商讨如何促进肯尼亚的狮子保护工作。

2013年7月1日

马拉野保基金会与东非野保协会签署合作协议。东非野保协会是非洲历史最悠久、规模最大的野保组织之一，也是世界著名野保杂志*SWARA*的出版方。

2013年7月13日

星巴访问奥莱拉伊庄园，与奥莉娅·道格拉斯·汉密尔顿商讨与大象保护组织的合作，加强保护大象的宣传力度。

2013年7–8月

星巴第二次受邀担任中央电视台“东非野生动物大迁徙”直播节目的现场直播嘉宾，并参与拍摄《寻找大猫》系列纪录片。

2013年8月29日

星巴应邀访问科拉保护区，出席肯尼亚政府举办的乔治·亚当森纪念仪式，并与托尼·菲茨约翰会面。

2013年9月

姚明第二次访问肯尼亚，了解大象和犀牛生存的危机，与星巴和各国野保人士一起继续拍摄纪录片《野性的终结》。

2013年9月16日

由马拉野保基金会捐赠修建的第一个防狮围栏在奥肯耶保护区正式启用。

2013年10月15日

央视纪录片《马赛马拉：母狮涅恩库美戴圈记》在奥肯耶保护区拍摄完成。

2013年10月29日

星巴访问西安，应邀出席第四届中国·西安国际民间影像节，为获得最佳微电影奖的野保主题影片《巴斯的草原》助阵。

2013年12月5日

星巴访问北京大学，在光华管理学院做主题演讲。

2014年5月23日

星巴应邀访问牛津大学，出席“牛津非洲论坛”，并做了两场主题演讲，呼吁国际社会更多关注和支持非洲的野生动物保护工作。

2014年8月7日

马拉野保基金会与东非野保协会以及中南屋（China House）联合举办了肯尼亚野生动物保护论坛，向肯尼亚野保圈和当地媒体介绍了中国人参与国际社会反盗猎工作的实践经验。

2014年8月15日

星巴获得联合国环境署和央视非洲野保网站联合评选的第一届“野保英雄”称号。

2014年8月19日

马拉野生动物保护基金会与肯尼亚政府（肯尼亚野生动物管理局）正式签署合作协议。

2014年8月26日

星巴应邀出席了“肯尼亚首届华人野生动物保护交流会”，与肯尼亚华人社区代表以及中国驻非洲媒体代表见面，呼吁在非华人社区更多参与和支持非洲野保事业。

2014年9月19日

星巴应邀前往深圳，出席第八届中国国际科教影展并做主题演讲。

2014年10月23日

长江商学院网页发布《野保英雄星巴：大自然是孩子最好的课堂》一文。

2014年10月25日

星巴应邀在中科院动物博物馆做了一场非洲野保主题演讲。

2014年10–11月

星巴访问美国洛杉矶和伯灵顿，先后在加州大学洛杉矶分校、南加州大学、佛蒙特大学、洛杉矶中国社区等地做了十余场主题演讲。

2015年2月8日

星巴应邀在梁明玉工作室做非洲野保主题演讲。中国著名时装设计师梁明玉和中国著名当代艺术家张奇开分别向马拉野保基金会捐赠了一幅作品。

2015年3月10日

马拉野保基金会向奥肯耶保护区捐赠了一辆马鲁蒂四驱越野车，用于支持奥肯耶保护区的野保巡逻工作。

2015年3月14日

新华社发表《中国“狮子王”的非洲野生动物保护之路》专题文章。

2015年4月5日

马拉野保基金会微信公众号2.0版正式启用。

2015年4月21日

星巴应邀出席上海国际自然保护周开幕式，并在上海图书馆做主题演讲。

2015年7月27日-8月1日

马拉野保基金会在奥肯耶小学开设了野保、音乐、绘画和摄影四门兴趣课程。

2015年8月10日

马拉野保基金会与东非野保协会联合向肯尼亚政府和马赛马拉的五个部落保护区捐赠了14辆越野摩托车，用以支持肯尼亚的反盗猎巡逻工作。

2015年8月22日

星巴正式加入非洲原始部落——马赛族，并受邀担任奥肯耶部落小学的荣誉董事；梁明玉等五人在部落庆典上正式受聘担任马拉野保基金会的理事。

2015年8月28日

马拉野保基金会与肯尼亚野生动物管理局正式建立联合项目组，负责执行2014年双方签署的合作协议。

2015年9月9日

星巴应邀在国务院发展研究中心参加《中国野生动物保护法》修改座谈会。

2015年9月26日

星巴应邀赴南京出席“南京青年文化周”，并在南京大学做主题演讲。

獴
Mongoose
Weight 1.3 kg Speed 30 km/h
Strength 3 Life Span 11 yrs

薮猫
Serval
Weight 10 kg Speed 70 km/h
Strength 5 Life Span 11 yrs

麝猫
Genet
Weight 15 kg Speed 67 km/h
Strength 4 Life Span 13 yrs

蜜獾
Honey Badger
Weight 11 kg Speed 27 km/h
Strength 5 Life Span 22 yrs

理事、义工和志愿者

这些年来，我虽然一个人在非洲野外坚守自己的梦想，逐步发展起以马拉野生动物保护基金会为平台的野保项目，但要克服各种困难，并不是一个人就能够做到的。没有一路上很多朋友的关照和支持，我如何能够坚持到今天？人生短暂，世事无常，对我来说，人生其实就是寻找志同道合的朋友一起去做一件有意义的事情的过程。野保关系到人类的永续发展，关系到每一个人的利益，但我并不奢望每个人都能够理解并支持这个事业，我所期待的是野保理念能够更广泛地传递到更多的人。找到志同道合而又有行动力的人确实不是一件容易的事情，更多情况下取决于机缘是否巧合，命运是否相连。

在肯尼亚创建马拉野保基金会的初衷其实就是搭建一个中国人参与全球野保事业的平台，集合更多志同道合的朋友用行动为野生动物多争取一些生存的机会，为守护野生动物的栖息地多争取一些可能性。

野保不是哪一类人的专属职业，也不是只有科学家或研究学者可以做的事情，野保事业成功与否取决于是否能够得到社会各界的理解、关注和支持，取决于社会各界是否有机会参与进来。

长期以来，因为对象牙和犀牛角等野生动物制品有庞大需求，一些中国人在非洲、东南亚贩卖或购买此类物品，加上一些媒体报道以偏概全，对少数个案大肆渲染，导致中国的国际形象遭到很大的损害和歪曲。在很多外国人眼里，中国人就是非常喜欢吃野生动物的，好像所有中国人都喜欢买象牙和犀牛角制品。正是这种误解使得我这个中国人最初到非洲做野保工作时很难获得信任，本来打算加入一个国际野保组织先积累一定收入和野保的经验，可是这条路显然走不通。怎么办？只有自己从头开始。虽然以前没有中国人做过这样的事情，没有任何先例可循，但我没有退路，更没有选择，只能摸着石头过河，希望找到打开野保之门的钥匙。从另一方面来说，也正是这种对中国人做野保的质疑氛围让我选择了新的道路，促使我义无反顾地走进马赛马拉的原始部落，与马赛人生活在一起，与野生动物生活在一起，了解人与动物的需求、人与动物的关系，最终确立了一条清晰的野保之路。我主要致力于推动创建开放的合作平台以应对下列三个挑战：

1. 生态环境恶化的危机；
2. 野生动物栖息地被蚕食、分割和破坏的威胁；
3. 狮子、花豹、猎豹、犀牛、大象等物种数量的不断下降。

这个合作平台的核心是三个“合作”：

1. 与政府合作；
2. 与社区合作；
3. 与民间组织合作。

这个平台能否成功搭建的关键是：

1．联合国能否行动起来建立统一领导和协调机制？

2．大国能否抛开政治分歧以实现联合行动？

3．各国政府能否实现有效合作？

4．民间组织之间能否持开放和合作的态度？

5．民间组织能否建设性鼓励政府发挥更大作用？

环境问题是一个全球性的问题，我们目前面临的威胁和挑战还很严峻，需要人类共同面对和担当，一起来解决。

这些年来我坚持用行动发出中国人的声音，稳扎稳打做好野保工作，得到了越来越多的国际认同，特别是来自非洲野保同行的认同，这令我感到非常欣慰。现在，马拉野保基金会成为肯尼亚政府的主要合作伙伴，也是很多国际野保组织的战略合作伙伴，致力于推动中国与非洲在野保领域的交流与合作，推动对野生动物栖息地和濒危物种的保护。

通过这些年在野保领域的努力，中国人的形象已经大大改观，越来越多的人开始把中国视为野生动物保护领域一支不可或缺的力量、一支积极的力量，甚至是一个新的希望。

几年来，越来越多的朋友或是基于对我的信任，或是基于对野保价值的认同，或是基于对大自然和野生动物的热爱，抑或兼而有之，先后加入了我的行列参与到这个充满荆棘却曙光在前的事业中，给予我大大小小的支持，为实现野保的目标做着贡献。

我并不是一个人在独行！我的身后有全球众多华人朋友的支持，

我想把这本书也献给我们所有的理事、义工和志愿者，感谢他们对我野保工作的支持！

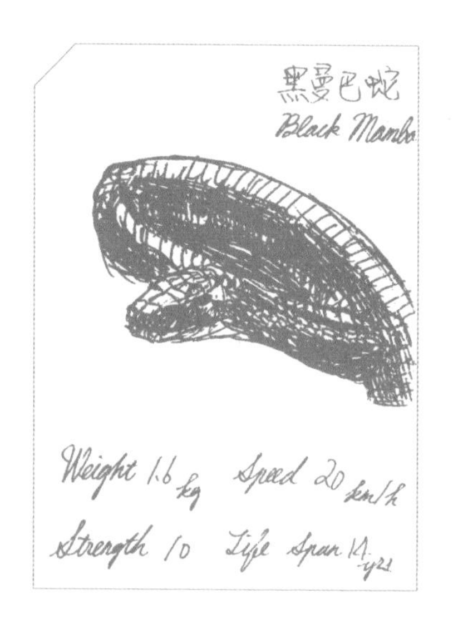

北大光华学院义工团

马拉野保基金会理事孙保罗与曹中华访问奥肯耶

美国华人野保义工团访问奥肯耶

马拉野保基金会理事高玮等访问奥肯耶保护区

小小巡逻员

梁宁、曹白隽、梁耀生理事和义工团访问奥卢姆提亚小学

志愿者观察动物足迹

志愿者与大象

中学生志愿者在设计创意野保扑克

中科院动物研究所张劲硕来访，成为马拉野保基金会的理事

野保志愿者的工作

（一）帮助募集资金和物资（四驱越野车、摩托车、相机、望远镜、手电筒、简易帐篷、手持GPS、手持对讲机、智能手机、英文系统的旧笔记本电脑）。

（二）奉献时间和技能参与中英文翻译、平面设计、摄影、绘画、网站设计、手机APP设计、媒体宣传、组织展览和演讲等事务。

（三）在奥肯耶保护区帮助修建防狮围栏，以减少人兽冲突。

（四）在奥肯耶保护区记录野生动物的地理分布和活动数据，帮助建立野生动物的研究数据库。

（五）参与奥肯耶小学兴趣班授课项目。

（六）在奥肯耶保护区帮助改善野保巡逻站的条件。

致女儿的一封家书

2014年10—11月，星巴应邀访问美国，先后在加州大学洛杉矶分校、南加州大学、佛蒙特大学、一些中小学和华人社区做了十几场非洲野保讲座，因为工作繁忙，无法实现承诺回国参加女儿的生日聚会，愧疚之余给女儿发出了这封家书，希望得到女儿的谅解。

亲爱的女儿：

本来爸爸答应你从非洲回来一定把时间安排好，要陪你过十岁生日——人生一个很重要的时刻。

但这次却爽约了，在美国演讲时间拉长了，无法按原计划回来。爸爸想在这里跟你说一声“抱歉”，希望你不要埋怨爸爸。

今天是11月16日，爸爸只有在美国遥祝你生日快乐，希望你能够健康快乐地成长。

你满十岁了，已经是大孩子了，有些事情也应该慢慢理解了。爸爸一年很多时间要在非洲做野保工作，在国内的很多时间也要到各地去演讲，宣传野保理念。所以爸爸不能像绝大多数父亲那样能够有时间见证你的成长，接送你上学放学，平时辅导你做家庭作业，周末陪你去踏青郊游，这是爸爸有愧于你的地方。

爸爸在非洲保护狮子、大象、犀牛等各种各样的野生动物和它们生存的自然环境。由于人类的扩张和杀戮，这些可爱的动物朋友可以自由安全生存的地方越来越少，它们的数量也越来越少。再不保护，它们很快就会灭绝，我们就再也看不到它们了。

正如你已经了解的，我们人类与野生动物、植物共同生存在一个生态系统中，野生动物是其中必不可少的关键环节。一旦生物多样性减少，各种野生动物不断灭绝，生态环境会越来越恶劣，我们人类最后也无法生存。

我们每个人都有一个“小家”，这个“小家”由爸爸、妈妈和孩子组成；我们每个人也有一个共同的大家，这就是地球，地球的生态环境，也可以说是大自然。

如果我们每个人都只顾“小家”，不管“大家”，那么“大家”被破坏和污染了，我们的“小家”也无法延续。

亲爱的女儿，爸爸不能给你一个完整的“小家”，但爸爸会尽力去帮助你和你的小伙伴们现在或以后都能拥有一个蓝天白云和皓月星空的绿色和谐的“大家”。

我不知道我能否实现这个目标，但这个事情总要有人去做，爸爸会一直努力坚持做下去，爸爸也希望你能够理解，如果你能够像以前那样积极参与和支持野保工作，那就更好了。你去过非洲，见过什么是真正的大自然，也明白了很多道理，无论你以后做什么，爸爸都希望你能够做自己真正感兴趣的事情，做对我们“大家”都有益的事情。

期待明年能够和你一起过生日！一年有365天，如果每天都健康快乐，每天都是过生日。而且，无论爸爸在什么地方，我们的心都是连接在一起的。

最爱你的爸爸

2014年11月16日

于美国佛蒙特伍德斯托克山区

森林边上的小木屋里

小星巴手绘狮子图

给星巴叔叔的一封信

星巴叔叔：

您好！

我是深圳市宝城小学的王梓雷，今年九岁。

当我一开始听到“狮子守护者”和您的名字时，我觉得很好奇，不禁打趣地问妈妈：“什么，辛巴？是那头狮子王吗？它还需要被保护吗？”可当我看完《野性的终结》后，我再也笑不起来了。我悲伤、愤怒，第一次有了“心在流血”的感觉。要是我是万能的上帝就好了，我将把那些偷猎者、走私贩、购买者全部关起来！我在语文课本里学习了《翠鸟》《一个小村庄的故事》等，我知道人类必须爱护动物，爱护环境，否则必将受到大自然无情的惩罚。但我万万没有想到，现实是如此残酷，不堪入目！我要告诉我的同学们，课本里描绘的美好并不是全部，我们还应走出教室，加入星巴叔叔的队伍，肩负起历史赋予我们的责任，让更多人了解真相。这是一场战争，号角已经吹响，那些已经牺牲的巡逻员正在天上鼓励着我们继续战斗。

然而，最经济有效的战斗方式不是牺牲，而是阻止——阻止买卖。没有买，就没有卖。没有买卖，就没有杀害。我每次去西安，都会去陕西省博物馆。那里陈列着一只上千年的用犀牛角做的酒杯。在灯光的照射下，酒杯晶莹剔透，流光溢彩，让游客们赞不绝口。可见，消费犀牛角和象牙，包括鱼翅、熊胆等现象在中华文明中由来已久。要改变传统绝不容易。姚明叔叔和您已经在战斗了，但这远远不够。真希望您的事迹可以更多地和我及我的同学们分享，真希望每个小学都开设“动物保护”实践课程。只有从娃娃抓起，才能彻底去除我们传统文化中的糟粕，让我们中华民族受到全世界的尊重。到时，请您来做我们学校的辅导员，好吗?

另外，看了这部片子，我把我的理想调整了一下，就是除了做个探险家，我还想当个科学家。我想发明一种药物，给每一个初生婴儿吃。吃了这种药的人长大后心地善良，视动物为朋友，绝不会杀害它们。怎么样，这理想好吧?

对了，星巴叔叔，片子里的您戴着牛仔帽的样子真帅。真盼望与您相见的那一天快点到来。我期待早点投入战斗呀!

此致

敬礼!

王梓雷

2015年4月18日